VEW
290 071-0

Verlag Podszun-Motorbücher GmbH
Elisabethstraße 23-25, D-59929 Brilon
Internet: www.podszun-verlag.de
Email: info@podszun-verlag.de

Herstellung Druckhaus Cramer, Greven

ISBN 978-3-86133-819-2

2017

Jahrbuch Lokomotiven

PODSZUN

Liebe Leserin, lieber Leser!

Dies ist die 16. Ausgabe des Jahrbuchs Lokomotiven. Wir freuen uns, Ihnen wieder interessante Themen rund um Ihr Hobby anbieten zu können. Dank gilt an dieser Stelle allen Autoren und Bildgebern, die in den letzten Wochen und Monaten mit Engagement und einer Menge Zeitaufwand gearbeitet haben, damit dieses Jahrbuch rechtzeitig erscheinen kann. Übrigens: Abbildungen, die nicht namentlich gekennzeichnet sind, wurden jeweils von den Verfassern der Artikel zur Verfügung gestellt.

Dank gilt auch Ihnen, liebe Leserin, lieber Leser, für die Zuschriften oder Telefonate in denen Sie Kritik äußerten und Anregungen lieferten. Wir freuen uns auf den Kontakt mit Ihnen und sind gerne bereit, Ihre Wünsche zu berücksichtigen.

Viel Vergnügen mit dem Jahrbuch. Das nächste Jahrbuch Lokomotiven, die Ausgabe 2018, ist ab Oktober 2017 erhältlich.

Ihr Redaktionsteam „Jahrbuch Lokomotiven"

P.S.

Sie können das Jahrbuch in Buchhandlungen oder direkt beim Verlag abonnieren.
Von den Ausgaben 2002 bis 2016 sind noch Restexemplare lieferbar. Fordern Sie kostenlos und völlig unverbindlich unser Gesamtverzeichnis an mit Büchern über Autos, Motorräder, Lastwagen Schwertransporte, Baumaschinen, Traktoren, Lokomotiven und Feuerwehrfahrzeuge

Verlag Podszun-Motorbücher GmbH
Elisabethstraße 23-25, D-59929 Brilon, Telefon 02961/53213, Fax 02961/9639900
Email: info@podszun-verlag.de, Internet: www.podszun-verlag.de

Udo Paulitz

Die Baureihen 5035-37 und 5050 der Deutschen Reichsbahn

Es begann mit der Baureihe 50

In der zweiten Hälfte der 1930er Jahre benötigte die Deutsche Reichsbahn AG (DRG) dringend eine moderne und leistungsstarke Güterzuglokomotive für den Einsatz auf Strecken mit leichterem Oberbau. Die neue Maschine sollte als Einheitslokomotive hauptsächlich die in absehbarer Zeit wegen Überalterung und aufgrund ihrer zu geringen Geschwindigkeit ausscheidenden E-gekuppelten Güterzuglokomotiven der Baureihe 5710 (preußische Gattung G 10), aber auch andere in die Jahre gekommenen Baureihen ersetzen. Im Frühjahr 1937 liefen bei der DRG die Planungen für eine solche Lokomotive an. Die Leistungsanforderungen sahen die Beförderung eines mittelschweren Güterzuges in der Ebene mit 80 km/h vor, ferner eine pflegearme und einfache Bauweise, eine möglichst hohe Rückwärtsgeschwindigkeit sowie einen Achsdruck von maximal 16 t. Die Entscheidung fiel schließlich zugunsten einer Zweizylinder-Heißdampflokomotive mit einfacher Dampfdehnung und 3,89 m^2 Rostfläche mit der Achsfolge 1´E, also mit führender, zusammen mit der ersten Kuppelachse als Krauss-Helmholtz-Gestell ausgebildeter Laufachse und fünf Treib- und Kuppelrädern. Letztere besaßen den Durchmesser von 1400 mm, die in einem Barrenrahmen – die erste und die fünfte Achse waren seitenverschiebbar – gelagert waren. Durch die erstmalige Verwendung des hochfesten Kesselbaustahl St 47 K im Lokomotivbau konnten relativ dünne Bleche verarbeitet und dadurch bei einem Dienstgewicht von 86,9 t die Achslast auf 15,2 t begrenzt werden. Dass gerade der in dieser Funktion noch kaum erprobte Stahl später zu großen Problemen führen würde, konnte damals niemand ahnen.

Am 25. Februar 1988 rangiert die Lok 50 1849-4 des Bw Reichenbach an dem an der Zwönitztalbahn (Strecke Chemnitz – Aue) befindlichen Bahnhof Thalheim. Die Lok – eine Original 50er mit vierdomigem Kessel, Oberflächenvorwärmer und großen Windleitblechen – entstand 1940 bei Krauss Maffei in München-Allach und wurde am 21. Dezember 1940 von der DRG in Betrieb genommen. Die bis 1994 betriebsfähige Maschine gehört als Leihgabe der Glauchauer Eisenbahnfreunde dem DB-Museum in Nürnberg

Hier sehen wir die 1942 bei der Firma MBA, Potsdam-Babelsberg (vormals Orenstein & Koppel) an die DRG gelieferte 50 3145 am 17. Oktober 1981 mit einem Personenzug bei Wriezen. Die zunächst dem Bw Breslau zugeteilte Lok wurde später bei der DR mit Witte-Windleitblechen nachgerüstet. Es war die letzte Altbau-50er der DR, die nach Ablauf der Kesselfrist am 24. Juni 1988 im Bw Berlin-Schöneweide ausgemustert wurde

Die am 20. Mai 1981 fotografierte 52 2751 entstand 1944 bei den Kasseler Henschel-Werken. Durch die Kriegswirren gelangte sie zunächst in den Bestand der Sowjetischen Staatsbahn (SZD). 1962 wurde die Lok von der DR angekauft und stand bis Oktober 1986 beim Bw Wustermark im Einsatz. 1987 zeigte ein Aktionskünstler die ausgemusterte Kriegslokomotive im Rahmen der Ausstellung „Mythos Berlin" auf dem Gelände des früheren Anhalter Bahnhofs als auf den Kopf gestellte Skulptur „La Tortuga" (Schildkröte). Seit 1991 befindet sich die von Rostbefall entstellte Lok als „Denkmal" vor dem Theater der Stadt Marl

Verschiedene 52er-Kriegslokomotiven wurden mit einem von der Wiener Lokomotivfabrik Floridsdorf gefertigten Steifrahmentender der Bauart K 4 T 30 gekuppelt. Die hier gezeigte, 1943 von den Pilsener Skoda-Werken gebaute 52 6666 ist die einzige erhaltene Maschine mit diesem Tender. Sie war seit 1971 im Bw Berlin-Schöneweide stationiert, wo sie nach Ende des aktiven Einsatzes den Status einer Traditionslokomotive erhielt. Dort ist die nicht mehr betriebsbereite Maschine noch zu besichtigen

Die seit 1956 in 88 Einheiten gebaute DR-Neubaudampflokreihe 5040 war mit der Baureihe 5035 nur entfernt verwandt. Konstruktiv wurde sie zwar von der Vorkriegs-50 abgeleitet, mit ihrem Blechrahmen unterschied sie sich aber doch von dieser erheblich. Allerdings wurde auf der Grundlage des Neubaukessels der Kessel des Typs 50 E für die 5035 entwickelt. Im Gegensatz zur 5035 waren die beiden unteren Spitzensignallaternen der 5040 in die Frontschürze integriert. Der labile Blechrahmen führte bereits 1981 zur Ausmusterung der letzten Maschinen

Die aus der 50 380 durch Neubekesselung entstandene 50 3501 war die erste Lokomotive der Rekobaureihe 5035. Sie wurde zunächst dem Bw Güsten zugewiesen und später viele Jahre vom Bw Halberstadt eingesetzt. Am 17. Dezember 1986 kam sie nach verschiedenen Umbauten beim Raw Meiningen als Prüflok für Dampfspeicherlokomotiven zum Einsatz. Heute ist sie Traditionslok des Meininger Dampflokwerkes – sie wird hin und wieder auch als Ersatzlok für in Ausbesserung befindliche Museumsloks gestellt

Eingerahmt von den Lokomotiven 44 1486 und 41 1231 präsentieren sich die Rekoloks 50 3606 und 3695 vor dem über 100 Jahre alten Ringlokschuppen des Traditions-Bw Staßfurt der Kamera

In ihrer Ursprungsausführung besaßen die Lokomotiven vier Dome und große Windleitbleche der Bauart Wagner. Die Firma Henschel erhielt den Zuschlag und lieferte von April bis Juli 1939 die ersten zwölf als Baureihe 50 im Nummernplan registrierten Lokomotiven. Diese waren mit einem neuentwickelten Tender der Bauart 2´2´T 26 (Fassungsvermögen 26 m^3 Wasser und 9 t Kohle) gekuppelt. Zum Schutz des Lokpersonals bei Rückwärtsfahrt erhielt dieser eine dem Profil des Führerhauses angepasste Vorderfront. Später gelangten auch Steifrahmentender der Bauart 4 T 30 (30 m^3 Wasser und 8 t Kohle) zur Verwendung. Damit hatten die ersten Exemplare einer der erfolgreichsten und auch gelungensten Lokomotivkonstruktionen der DRG den Weg auf den Schienenstrang gefunden.

Der folgende Serienbau, mit dem zunächst neben Henschel & Sohn die Firmen Krupp, Krauss-Maffei und die Wiener Lokomotivfabrik Floridsdorf (WLF) betraut wurden, begann nahezu zeitgleich. Der unmittelbar darauf ausbrechende Zweite Weltkrieg ließ den Bedarf an dieser vielseitig verwendbaren Güterzuglokomotive stark ansteigen. Neben den Baureihen 44 und 86 aus dem Einheitslokprogramm und der späteren Kriegslokomotive der Baureihe 52 war dies die einzige Baureihe, die noch gebaut werden durfte. Alle anderen Bestellungen hatte die DRG Anfang 1941 bei der Industrie storniert. Bei der Fertigung der Baureihe 50 kamen ab 1940 weitere Hersteller wie Schwartzkopff (BMAG), Borsig, O & K (MBA) und Schichau hinzu. Um den großen Bedarf zu decken, wurden in die Fabrikation noch weitere Hersteller – auch aus den von Deutschland besetzten Gebieten – herangezogen. 1939 wurden 218, 1940 641, 1941 851 und 1942 bereits 1058 Exemplare hergestellt und an die DRG abgeliefert. Bis Kriegsende wurden es 3164 Lokomotiven. Es steht außer Zweifel, dass ohne die Erfordernisse des Krieges wohl kaum jemals mit dieser Schnelligkeit so viele Maschinen entstanden wären. Eine Anzahl Lokomotiven aus der Fertigung ausländischer Werke gelangte infolge der Kriegsereignisse nicht mehr in den Bestand der Reichsbahn. Diese Loks verblieben in ihren Herstellungsländern. Überdies verteilte der Zweite Weltkrieg diese Maschinen großflächig über weite Teile Europas, wozu auch die beim Rückzug aus den besetzten Gebieten zurückgelassenen Maschinen gehörten. Sie wurden anschließend von rund zehn verschiedenen Bahnverwaltungen als Kriegsbeute vereinnahmt.

Mit zunehmender Fortdauer des Krieges verlangte die Reichsregierung überall Einsparungen und Vereinfachungen. Insbesondere dort, wo sich kontingen-

Die in den Bw Pasewalk und Rostock beheimateten, unter Dampf stehenden Lokomotiven 50 3545 und 50 3527 säuseln vor dem zweiständigen Lokschuppen in Ueckermünde vor sich hin. Beide Lokomotiven sind derzeit nicht betriebsfähig

Im Jahr 1990 warten vor dem Lokschuppen der Einsatzstelle Est Rochlitz die unter Dampf stehenden Lokomotiven 86 1333-3, 50 3616-5 und 86 1501-5 auf ihren nächsten Einsatz. Während die Reko-50 im Bw Karl-Marx-Stadt beheimatet war, gehörten die beiden 86 zum Bestand der Bw Aue und Wustermark. Alle Maschinen sind bis heute – 50 3616-5 und 86 1333-3 sogar betriebsbereit – erhalten

Lokparade im Mai 1992 im Museums-Bw Chemnitz-Hilbersdorf. Von links nach rechts: 94 2105, 86 049 und 50 3616-5. Die 5035 ist Eigentum des Vereins Sächsischer Eisenbahnfreunde (VSE) in Schwarzenbach

Bild 131 – Im Bw Leipzig-Süd haben sich am 13. August 1995 die Lokomotiven 41 1231-4, 50 3708-0 und 44 1486-8 zu einem Gruppenfoto versammelt. Hinter der 5035 verbirgt sich die 1941 bei der BMAG gebaute DRG-Lok 50 1309. Am 18.9.1962 erfolgte ihre Endabnahme als Rekolok, deren Ausmusterung beim Bw Halberstadt am 15.8.1988 vorgenommen wurde. Diese Maschine wird von der Traditionsgemeinschaft 50 3708-0 als nicht betriebsbereites Ausstellungsstück betreut

tierte Rohstoffe durch billigere und weniger knappe Ersatzstoffe ersetzen ließen. Diese Maßnahmen bezogen sich vor allem auf den Einsatz kriegswichtiger Rohstoffe, wovon im Maschinenbau in erster Linie Buntmetalle wie Nickel, Kupfer, Zinn und deren Legierungen betroffen waren. Bereits im November 1941 kam es bei der Baureihe 50 durch die so genannten „Entfeinerungen“ zu ersten sichtbaren Bauartänderungen. Hierbei entfielen mit der Zeit immer mehr Bauteile, die nicht unbedingt zum Betrieb erforderlich waren. Zunächst waren es Windleitbleche, die Frontschürze und das vordere Seitenfenster im Führerhaus. Später kamen Vorwärmer, Speisepumpe, ein eckiger Sandkasten und der Speisedom hinzu. Ebenso wurden die als Speichenräder ausgeführten Laufräder durch einfacher herzustellende Scheibenradsätze ersetzt. Leider zeichneten sich schon gleich die ersten Probleme mit dem verwendeten Kesselbaustahl ab. Aufgrund der sich häufenden Mängel entschied die DRG, bei allen ab Anfang 1942 gebauten Lokomotiven wieder den normalen Baustahl St 34 zu verwenden. Der Übergang zu den vereinfachten Loks war fließend, sodass es zu unterschiedlichen Ausführungen kam. Diese Maschinen wurden als ÜK-Loks (Übergang-Kriegsloks) bezeichnet, die zum Schluss kaum noch von der Baureihe 52 zu unterscheiden waren. Von hier aus war es nicht mehr weit bis zur echten Kriegslokomotive der Baureihe 52, denn diese war im Prinzip nichts anderes als eine in Großserie produzierte, weiter vereinfachte Lok der Baureihe 50.

Die Baureihe 50 bei der Deutschen Reichsbahn

Von den weit über 3000 gebauten Loks der Baureihe 50 waren trotz mancher Kriegsverluste in beiden Teilen Deutschlands doch sehr viele Maschinen übriggeblieben. Das Gros von rund 2500 Einheiten verblieb in den drei westlichen Besatzungszonen und der späteren DB. Lediglich 364 Maschinen befanden sich im sowjetisch besetzten Teil Deutschlands. In Ost und West bildete diese Baureihe, zusammen mit der aus ihr entwickelten Baureihe 52, den Grundstock für den mühsam und notdürftig wieder in Gang kommenden Eisenbahnverkehr. Bei der DDR-Reichsbahn kam erschwerend hinzu, dass auch von der schweren Dreizylinder-Güterzuglok der Baureihe 44 nur ein kleiner Teil zur Verfügung stand. So konnte man auf die 1150 Einheiten der Baureihe 52 zwangsläufig nicht verzichten. Ganz im Gegensatz zur DB, die mit Loks der Baureihe 50 ausreichend versorgt war und deshalb diese Maschinen schon recht frühzeitig ausmustern konnte.

Mit Güterzug warteten die Loks 50 3556 und 50 3520 am 3. Mai 1986 im Bhf Quedlinburg auf Ausfahrt. Während erstere – die 50 1489 – im März 1959 einen Ersatzkessel im Raw Stendal erhielt, wurde für die aus der 50 1339 entstandenen, jetzt mit einem Neubautender gekuppelte 50 3520 der neu installierte Kessel zu einer lebensverlängernden Maßnahme. Beide Lokomotiven sind in nicht betriebsbereitem Zustand – 50 3520 bei der VSM in Beekbergen-/Niederlande – erhalten

Als Doppeltraktion haben sich die Loks 50 3682-7 und 50 3695-9 am 15. Oktober 1994 im Bahnhof Staßfurt vor einen Güterzug gespannt. Beide Maschinen waren bis 2007 bzw. 2010 einsatzfähig, sind aber derzeit zu rollfähigen Ausstellungsstücken degradiert

Im Rangierbahnhof Staßfurt begegnen sich die Loks 50 3695-9 und 41 1185-2. Beide Lokomotiven sind weiterhin erhalten, derzeit aber nicht betriebsfähig

Aus diesen Gründen wurde die 52 bei der DR zur dominierenden Güterzuglok, die zudem den großen Vorteil hatte, dass sie mit nur 15 t Achslast universell und praktisch auf allen Nebenstrecken einsetzbar war.

In beiden Teilen Deutschlands waren etliche Maschinen nicht betriebsfähig. Besonders bei der DR herrschte ein permanenter Lokmangel. Etwa zehn dieser wenigen DR-50er mussten wegen zu großer Schäden ausgemustert werden. Weitere rund 15 Lokomotiven wurden in die Sowjetunion abgerollt. Zusätzlich waren etwa 86 Einheiten dieser Baureihe teilweise bis 1954 als Kolonnenloks im Dienste der Sowjetischen Militäradministration (SMAD) zur Abfuhr von Reparationsgut eingesetzt und dadurch auf Jahre dem regulären Betriebsdienst der DR entzogen. Dieses Schicksal teilten sie mit mehr als 800 ebenfalls für diese Dienste requirierter Loks anderer Baureihen. Technisch waren dies natürlich nicht die schlechtesten Fahrzeuge, die überdies bei Wartung und Pflege bevorzugt behandelt werden mussten. Ende 1954, nach Beendigung der Kolonnendienste, konnte die DR über 324 Lokomotiven der Baureihe 50 verfügen, die auf die Direktionen Magdeburg (209), Schwerin (73), Dresden (31), Greifswald (10) und Halle (1) verteilt waren.

Von diesen Lokomotiven stammten etwas mehr als 200 Stück Maschinen – also rund zwei Drittel des Bestandes – aus der Friedensfertigung, deren großer Nachteil sich bei den aus nicht alterungsbeständigem und schweißbrüchigem Stahl St 47 K gefertigten Kesseln bei zunehmender Einsatzdauer immer mehr bemerkbar machte. Rückblickend kann gesagt werden, dass die DRG damals glaubte, mit dieser Stahlsorte den Kesseldruck bei etwa gleichem Gewicht auf 20 atü erhöhen zu können. Dieser mit Molybdän legierte Werkstoff besaß einen großen Kohlenstoffanteil und eine sehr hohe Festigkeit. Ein Nachteil war, dass das Molybdän die Wärmeleitfähigkeit besonders bei starken Temperaturschwankungen beträchtlich verringerte. Mit zunehmendem Alter wurde der Stahl spröde, sodass er hauptsächlich an den Schweißnähten zu Haarrissen neigte. Hiervon waren alle Baureihen mit St 47 K-Kesseln betroffen, so auch die bei der DR vorhandenen Loks der Reihen 0310 und 41. Bereits nach kurzer Zeit sorgte dieser Kesselbaustahl bei den fast neuen Loks beim Betriebsdienst der DRG für erhebliche Unruhe. 1941 kam es zu einem folgenschweren Kesselzerknall der erst 1940 gebauten Lok 50 846. Dies gab den Ausschlag für die Entscheidung, diese Stahlsorte für den Lokomotivkesselbau ab 1942 nicht mehr zu verwenden. Seither erfolgte die Kesselfertigung für die ÜK-Loks aus dem normalen Baustahl St 34. Diese Kessel befanden sich aber aufgrund des kriegsbedingt verwendeten schlechteren und oftmals mit Werkstofffehlern behafteten Materials auch nicht in einem wesentlich besseren Zustand.

Mitte der 1950er Jahre nahm die Schadenshäufigkeit der Kessel ein derart großes Ausmaß an, dass kaum noch eine Lok über einen längeren Zeitraum in Betrieb bleiben konnte. Hinzu kam der dauernde Ersatzteilmangel, der für einen unerträglich, kaum noch vertretbar hohen Schadlokbestand sorgte. An den schadhaften Kesselstellen waren ständige Reparaturarbeiten durch Schweißungen – überdies ließ sich der St 47 K-Stahl sehr schlecht schweißen – und das Ansetzen von Flicken erforderlich. Das war im wahrsten Sinne des Wortes eine Flickschusterei an den im Grunde kaum als ausbesserungsfähig zu bezeichnenden Kesseln. Damit nicht genug. Sämtliche Schweißstellen mussten aus Sicherheitsgründen durch Druckproben in ständiger Beobachtung bleiben, weil der Stahl gerade in diesen Bereichen zu vermehrter Rissbildung neigte. Trotz aller Vorsichtsmaßnahmen war die Betriebssicherheit der Dampferzeuger nicht mehr gewährleistet. Ein potenzielles Sicherheitsrisiko blieb bestehen, was mehrere schwere Unfälle durch Kesselzerknall in Ost und West bewiesen haben.

Nach einer Betriebszeit von mehr als 15 Jahren stand somit auch die DR vor dem Problem, entweder diese Kessel zu ersetzen oder die Lokomotiven auszumustern. Da aber jede Lok gebraucht wurde und sich die Fahrwerke der ziemlich neuen Maschinen noch in einem guten Zustand befanden und zudem eine lange Einsatzzeit versprachen, wählte man trotz der damit verbundenen erheblichen Investitionen die erste Alternative. Auch war ein Umsetzen von Kesseln der Baureihe 52 auf die Baureihe 50, wie es die DB tat, nur in Ausnahmefällen möglich, weil eben auch diese Baureihe zum unentbehrlichen Bestand zählte. Vielmehr mussten alle verfügbaren 50 und 52 in Betrieb gehalten werden. Die DR kam somit nicht umhin, über eine Neubekesselung der Baureihe 50 nachzudenken. Eine solche Maßnahme machte freilich nur Sinn bei einer gleichzeitigen Leistungssteigerung, die mit einem unveränderten Ersatzkessel aber nicht zu haben war. Außerdem klagten die Personale über den ungenügenden Saugzug der Blasrohranlage – alles Mängel, die stichhaltige Argumente für die Neuentwicklung eines modernen Dampferzeugers anstelle nachgebauter Ersatzkessel lieferten.

Das DR-Rekoprogramm

Nach Kriegsende stand fast jede Staatsbahn Europas vor gewaltigen Wiederaufbau- und Modernisierungsaufgaben. In weiten Teilen des Kontinents war der Lokomotivpark durch Kriegseinwirkung dezimiert, schadhaft, heruntergewirtschaftet oder veraltet. Nicht viel anders sah es beim übrigen rollenden Material und der Infrastruktur der Verkehrsanlagen aus, die vor allem in den Verkehrszentren und in Gebieten der großen Industrieanlagen weitgehend zerstört waren. Neben der angesichts der chaotischen Verhältnisse fast unlösbaren Aufgabe, den Bahnbetrieb mühsam wieder ins Rollen zu bringen, mussten sich die Bahnverwaltungen Gedanken über die zukünftige Triebfahrzeugbeschaffung machen. Gleichwohl hatte der elektrische Betrieb in den 1930er Jahren seine Vorteile gegenüber dem Dampfbetrieb bewiesen, und auch der Dieselmotor hatte im Schnellverkehr seine Bewährungsprobe bestanden. In welchen Zeiträumen aber die für die Umstellung der Zugförderung notwendigen Investitionen aufgebracht werden könnten, war angesichts der schwer zerstörten Volkswirtschaften und zerrütteten Staatsfinanzen zunächst in keiner Weise zu überschauen. Auf die Dampflok würde man, und das stand von vornherein fest, noch lange nicht verzichten können, zumal Werkstätten und Bahnpersonal auf diese eingestellt waren.

So beschafften die meisten Bahnen Europas zwischen 1945 und etwa 1960 noch einmal neue Dampflokomotiven, oder sie modernisierten noch bis an die Schwelle der 1970er Jahre den vorhandenen Bestand. Sowohl bei der DB als auch bei der DR begannen die Planungen für ein mehrere Baureihen umfassendes Dampflok-Neubauprogramm. Während dieses bei der Bundesbahn bereits im Jahr 1950 anlief, musste die Reichsbahn bis 1954 warten, ehe die ersten neugebauten Maschinen in Betrieb genommen werden konnten. Bei der DB wurden durch den sich schon bald abzeichnenden Strukturwandel in der Zugförderung bis zum Jahr 1959 lediglich 168 neue Maschinen im Rahmen von fünf Baureihen gebaut. Bei der Reichsbahn, die unter einem viel größeren Lokmangel litt, entstanden bis 1960 immerhin sieben Neubaulok-Baureihen mit insgesamt 372 Einheiten. Zum Vergleich ein Blick auf andere europäische Bahngesellschaften: die Britisch Railways (BR) ließ in diesem Zeitraum 2549 Dampfloks neu bauen, bei der Polnischen Staatsbahn (PKP) waren es 1575 und bei der Tschechischen Staatsbahn (CSD) insgesamt 1325 Einheiten.

Auf der Fahrt von Colditz nach Glauchau beförderte die von der Est Rochlitz eingesetzte Lok 50 3516-7 des Bw Glauchau am 4. November 1984 einen Sandzug. Diese recht gewichtigen Züge bescherten den Reko-50ern anspruchsvolle Leistungen. Hier ist die im Jahr 19[illegible]9 im Bw Aue zerlegte Lok mit beigezogenem Regler in der Nähe von Remse unterwegs

Im Bahnhof Waldenburg an der Muldentalbahn hat am 4. Oktober 1986 der Ng 643669 mit seiner Lok 50 3673-6 nach Rochlitz Kreuzung mit dem Sandzug Gag 56355, der von der Lokomotive 50 3519-1 nach Glauchau geführt wird. Diese Lok wurde 1992 an die Österreichische Gesellschaft für Eisenbahngeschichte (ÖGEG) verkauft und wurde nach Fristablauf im Jahr 2005 abgestellt

Am 12. April 1986 steht die im Bw Halberstadt beheimatete Lok 50 3520-9 abfahrbereit im Kopfbahnhof Thale. Die Maschine wurde im September 1993 an die niederländische Vereinigung VSM in Beekbergen verkauft

Die bestens gepflegte Lokomotive 50 3527-4 am 9. Mai 1991 im Bw Bad Freienwalde. Die Maschine wurde erst am 9. Mai 1991 ausgemustert und wird von einem örtlichen Eisenbahnmuseum erhalten

Nach der politischen Wende wurden zahlreiche 5035 von Museumsbahnen erworben. So auch die beim Bw Nossen stationierte Lok 50 3539-9, die 1992 in den Besitz der Ulmer Eisenbahnfreunde (UEF) ging und bis zum Fristablauf 2005 vor Sonderzügen eingesetzt wurde. Hier sehen wir die Lokomotive am 3. August 2003 auf der Murgtalbahn in der Nähe von Huzenbach

Lok 50 3545-6 des Bw Wismar produziert im Sommer 1988 vor einem Nahgüterzug am Haltepunkt Klein-Grabow (Strecke Güstrow – Meyenburg) eine steil in den Himmel steigende Qualmwolke

Eine erste Ende des Jahres 1945 durchgeführte Bestandsaufnahme hatte in den drei westlichen Besatzungszonen einen Dampflokbestand von 17.782 Regelspurfahrzeugen ergeben, wovon allerdings weniger als 7000 einsatzbereit waren. In der Sowjetischen Besatzungszone erbrachte eine 1946 erfolgte Zählung 7567 Maschinen, wovon nach Abzug der Kolonnenloks und der vielen reparaturbedürftigen Schadloks lediglich 2150 Stück dem Betriebsdienst zur Verfügung standen. In der DDR sah der zweite Fünfjahresplan von 1956 – 1960 wesentliche Verbesserungen vor, die sich im Nachhinein aber als viel zu optimistisch erwiesen. Hierin war vorgesehen, bis 1975 die Dampflokomotiven komplett durch Diesel- und Elektroloks ablösen zu können. In Wirklichkeit dauerte es bis Ende der 1980er Jahre, ehe die letzten normalspurigen Maschinen aus dem Plandienst ausscheiden konnten. Dies wurde auch bald den Verantwortlichen klar, zumal die Reichsbahn allein durch die Demontage des elektrischen Betriebs um mehr als ein Jahrzehnt zurückgeworfen worden war.

Beide, die DB und die DR nahmen als wirtschaftliche Alternative zu Neubauten Verbesserungen und Umbauten an bereits bestehenden Dampflokomotiven in Angriff. Während diese Maßnahmen bei der DB weniger stark ausgeprägt waren, nahmen diese als Rekoprogramm bezeichneten Arbeiten bei der DR einen erheblich größeren Umfang ein. Im Unterschied zu einer Generalreparatur, bei der die Bauelemente der jeweiligen Lokomotive nur erneuert, also an der bestehenden Konstruktion nichts geändert wurde, strebte die Rekonstruktion eine Verbesserung der ursprünglichen Leistung an. Im Zentrum der Bemühungen lag bei der DR der Ersatz verbrauchter St 47 K-Kessel, bei denen keine ausreichende Betriebssicherheit mehr gegeben war, aber auch einige Länderbahn-Baureihen wie die 39 und 58. Zu den weiteren Zielen der Rekonstruktion gehörten ebenso Maßnahmen zur Verbesserung der Wirtschaftlichkeit, die Beseitigung von physikalischen und thermischen Missverhältnissen (wie etwa zwischen großer Leistungsfähigkeit des Triebwerkes und ungenügender Dampferzeugung des Kessels) sowie das Abstellen konstruktiver Mängel.

Im Rahmen dieses von 1957 bis 1967 laufenden Programms wurden genau 687 normalspurige Dampflokomotiven modernisiert. Grundlage für diese neuerliche Maßnahme war die schon bald absehbare Tatsache, dass für die Übergangszeit nicht genügend Neubaudampfloks beschafft werden konn-

Die im Februar 1959 aus der Lok 50 2669 durch Rekonstruktion entstandene 50 3551-4 des Bw Glauchau ist an einem Oktobermorgen 1987 mit dem von Rochlitz (Abfahrt 4:54 h) kommenden Frühzug P 17751 gegen 6:15 h in Karl-Marx-Stadt angekommen.

ten. Hinzu kam die starke Überalterung des vorhandenen Dampflokparks – 1953 wiesen 78 % des Bestandes ein Alter von über 20 Jahren auf – die keine andere Wahl als die Erneuerung zahlreicher Baureihen zuließ. Außerdem wuchsen mit der Wiederbelebung der Wirtschaft und der Verwirklichung ehrgeiziger wirtschaftlicher Vorhaben auch die von der DR zu erbringenden Transportleistungen. Deshalb unternahm die DR von allen europäischen Staatsbahnen nach dem Zweiten Weltkrieg die größten Modernisierungsanstrengungen an einigen ihrer Dampflokbaureihen. Hierzu sind auch die in den 1960er Jahren beginnende Umstellung von knapp 250 stark belasteter Maschinen auf Ölhauptfeuerung sowie die in der zweiten Hälfte der 1960er Jahre erfolgte Ausrüstung vieler Lokomotiven mit Giesl-Ejektoren zu zählen.

Die Rekonstruktion von Maschinen des Betriebsparks sollte einen weiteren wirtschaftlichen Einsatz über mehrere Erhaltungsabschnitte (also von einer Hauptuntersuchung zur nächsten) ermöglichen. Bei der Rekonstruktion wurden erhebliche Umbauarbeiten an den Fahrzeugen vorgenommen. Diese dienten der Leistungssteigerung gegenüber der Ursprungsausführung, wobei besonders die Anpassung an die schwierige Brennstoffsituation in der DDR zu berücksichtigen war. Durch den enormen Mangel an hochwertiger Steinkohle mussten bei der Lokomotivfeuerung überwiegend minderwertige Braunkohlenbriketts verwendet werden. Die Braunkohle führte zu einer raschen Füllung der Aschkästen und behinderte die Zufuhr ausreichender Verbrennungsluft. Die Lokomotiven erhielten einen unter den Baureihen untereinander austauschbaren neukonstruierten Hochleistungskessel mit Verbrennungskammer, wobei mit Rücksicht auf die meist schlechten Kohlequalitäten dieser eine reichliche Rostfläche besitzen musste. Die neuen Kessel besaßen den charakteristischen eckigen Mischvorwärmer vor dem Schornstein. Einzelne Baureihen erhielten komplett neugebaute Einheitsführerhäuser. Die rekonstruierten Lokomotiven waren tatsächlich fast neuwertig, denn sie erhielten nicht nur moderne Hochleistungskessel mit thermischen Verbesserungen und einer höheren Leistung. Vielmehr wurden verschlissene Hauptbaugruppen erneuert oder ausgetauscht. Die Rekonstruktion war somit eine Zwischenstufe zwischen Generalreparatur und Neubau, und bei vielen Lokomotiven blieb von der Ursprungsmaschine nicht viel mehr als der Rahmen übrig, sodass sie nach den Umbauten die Werkstätten mit einem völlig veränderten Aussehen verließen. Ihre Zuordnung erfolgte fast immer in einer neuen Baureihe oder Unterbaureihe.

Wirtschaftlich sinnvoll war diese Form der Erneuerung ebenfalls, denn die Kosten der Rekonstruktion überschritten kaum drei Viertel des Beschaffungspreises, der Anlage- und Nutzwert einer Rekolokomotive betrug aber 90 % einer Neubaumaschine. Ebenso war es generell leichter, eine bereits bewährte Baureihe zu verbessern als eine neue Lokomotive von Anbeginn an optimal zu bauen. Hinzu kam, dass die Rekon-

Lok 50 3552-2, gebaut 1942 als 50 1336 von der BMAG, gehört seit 2005 zu den betriebsfähigen Fahrzeugen der Museumseisenbahn Hanau e.V.

Die rekonstruierte Lok 50 3553-0 des Bw Halberstadt ist im Februar 1975 als Lz im Gleisbereich ihres Heimatbahnhofs unterwegs. Diese Maschine gehört heute zu den vor sich hin rostenden Exponaten des Dampflokmuseums Hermeskeil. Ihre Zukunftsaussichten sind – wenn sich niemand ihrer annimmt – leider als eher schlecht zu bezeichnen

struktion in reichsbahneigenen Werkstätten durchgeführt werden konnte und somit die begrenzten Fertigungskapazitäten der Industrie – hier ist vor allem der VEB Lokomotivbau „Karl Marx" Babelsberg (LKM), der durch den Diesellokomotivbau mehr als ausgelastet war, zu nennen – nicht über Gebühr belastete.

Insgesamt bleibt festzuhalten, dass Umgestaltung und Modernisierung vorhandener Dampflokomotiven zu einem vollen Erfolg führten. Mit der Rekonstruktion eines Teils ihrer Normalspur-Dampflokomotiven gelang es der Deutschen Reichsbahn tatsächlich, dem Betrieb moderne und wirtschaftliche Maschinen zur Verfügung zu stellen, die noch lange eine tragende Rolle in der Zugförderung spielen sollten. Nur mit ihrer Hilfe konnte das ansteigende Verkehrsaufkommen der Reichsbahn bewältigt werden. Viele Rekolokomotiven übertrafen ihre Neubauschwestern an Qualität und überlebten sie oft um Jahre. Markantestes Beispiel dafür ist die Baureihe 5035, die bis zum Ende der Dampftraktion gute Dienste leistete, während die Neubau-5040 aufgrund des zu Anrissen und Brüchen neigenden Blechrahmens (Barrenrahmen konnten in der DDR nicht hergestellt werden) längst den Weg alten Eisens gegangen war.

Die mit einem Neubautender 2´2´T 28 ausgerüstete 50 3556-3 des Bw Halberstadt im März 1981 vor einem Nahgüterzug in der Nähe des Ortes Ströbeck (Strecke Halberstadt – Wernigerode). Die am 16. September 1993 ausgemusterte Maschine wurde zuletzt als Dampfspender eingesetzt und gehört heute als nicht betriebsfähiges Exponat den Eisenbahnfreunden Staßfurt

Unter einem gewaltigen Rauchpilz befördert die Lok 50 3563-9 am 30. August 1983 einen langen Nahgüterzug in der Nähe von Mittweida. Die damals beim Bw Karl-Marx-Stadt beheimatete Maschine wurde bis Ende Oktober 1989 in der Est Zwickau zerlegt

Die Lokomotive 50 3576-1 vor einem aus O-Wagen gebildeten Güterzug im Bahnhof Nossen. Die 1941 als 50 1106 bei den Skoda-Werken in Pilsen entstandene Lok wurde nach Umbau und Kesseltausch im November 1959 wieder in Dienst genommen. Die 1991 ausgemusterte Lok war bis 2009 bei der Nassauischen Touristikbahn (NTB) im Einsatz

Diese Ansicht zeigt die 50 3576 am 30. März 1991 vor einem Personenzug im Bahnhof Nossen. Am 17. August 1991 wurde die Maschine z-gestellt und später an die NTB in Wiesbaden verkauft

Die aus der 50 245 (Krauss-Maffei, München, Baujahr 1939) entstandene 50 3580-3 wurde am 5. Juli 1981 in Kamenz abgelichtet. Die Lokomotive steht derzeit als technisches Denkmal in Triberg im Schwarzwald

Die beim Bw Halberstadt stationierte und von der Est Oebisfelde eingesetzte 50 3606-6 führte an einem Maitag des Jahres 1990 den Personenzug P 15476 (Jerxheim –Halberstadt) und passiert gerade einen der heute fast überall verschwundenen handbedienten Schrankenposten

Diese stimmungsvolle Nahaufnahme der Lok 50 3606-6 entstand am 11. Dezember 1990 im Bw Wustermark. Die bis 1994 einsatzbereite Maschine gehört heute zum Bestand des Traditions-Bw Staßfurt

Lokomotive 50 3682-7 vor einem kurzen Nahgüterzug am 23. September 1990 im Bahnhof Ganzlin/Mecklenburg. Die Lokomotive wurde am 3. Juni 1993 beim Bw Güsten ausgemustert und wurde bis 2010 von den Dampflokfreunden Salzwedel im Sonderzugverkehr verwendet

Hier sehen wir noch einmal Lok 50 3682-7, die im Mai 1990 unter einer langen Dampfwolke ihren Nahgüterzug bei Krakow am See befördert

Lokomotive 50 3688-4 führte am 18. April 1992 einen Sonderzug von Kamenz nach Bischofswerda. Hier überquert sie gerade den Viadukt bei Elstra. 1998 wurde diese Nebenbahn stillgelegt. Die Gleise wurden bis Ende 2004 abgebaut

Während die Diesellok 228 746-4 auf dem Nebengleis wartet, steht 50 3688-4 am 24. März 1993 abfahrbereit vor dem Personenzug P 14791 im Bahnhof Ilmenau. Die bis heute erhaltene Maschine war damals beim Bw Arnstadt beheimatet und wurde erst 1998 ausgemustert

Zwischen Kamenz und Cunnersdorf, an der Linie Kamenz – Senftenberg in der Oberlausitz, entstand die Aufnahme dieses von Lok 50 3688-4 gezogenen, aus DR-Umbauwagen gebildeten Personenzuges. Infolge Überdrucks im Kessel blasen gerade die Sicherheitsventile ab

Im Juni 1998 hatte es die bestens gepflegte Lok 50 3688-4 ins Bw Hamburg-Wilhelmsburg verschlagen. Die Maschine war bis September des gleichen Jahres betriebsfähig und gehört heute zu den zahlreichen Exponaten des Eisenbahnmuseums Arnstadt

Auf der Fahrt von Geismar nach Leinefelde hat die Lokomotive 50 3888-4 am 31. Dezember 1990 mit einem Personenzug den Haltepunkt Großbartloff erreicht. Wie hier zu sehen, wird der Dampfzug von zahlreichen Fahrgästen erwartet

Die Lokomotive 50 3696-7 des Bw Glauchau verlässt mit dem P 9031 unter donnerndem Getöse und starker Qualmentwicklung den an der Strecke Zwickau – Aus gelegenen Bahnhof Wiesenburg mit seiner sehenswerten Signalbrükke. Während das historische Relikt seit der Streckensanierung im Schwarzenberger Eisenbahnmuseum für die Nachwelt erhalten wird, gelangte die Dampflok zu einer Eisenbahnfreunde-Vereinigung nach Belgien. Dort ist sie weiterhin betriebsfähig

Die aus der 1941 bei der BMAG gebauten 50 1066 im Jahr 1961 entstandene Rekolokomotive 50 3695-5 des Bw Güsten ist mit Güterzug in der Nähe von Roßlau/Elbe unterwegs. Die bis 2007 betriebsfähige Lok ist im Bestand des Traditions-Bw Staßfurt

Lok 50 3707-2 des Bw Magdeburg wartet vor einem Güterzug auf Ausfahrt. Die Maschine ist heute zu einer schlecht erhaltenen Denkmalslok in Berlin degradiert

Die Baureihe 5035 entsteht

Noch bevor das Rekonstruktionsprogramm von den zuständigen Dienststellen des Ministeriums für Verkehrswesen (MfV), der Hauptverwaltung Maschinenwirtschaft (HvM) und der Hauptverwaltung Reichsausbesserungswerke (HvRaw) in allen Einzelheiten offiziell genehmigt worden war, lief dieses bereits im August 1956 inoffiziell und unerwartet an. Seit dem 20. August 1956 befand sich nämlich die mit einem Kessel aus St 47 K bestückte im Jahr 1940 bei Borsig gebaute Lok 50 380 wegen irreparabler Kesselschäden zur Hauptuntersuchun nach der Schadgruppe L 4 im Raw Stendal. Die Lok musste dringend einen neuen Kessel erhalten, doch ein Ersatzkessel alter Konstruktion aus normalem Baustahl (St 34) ließ sich weder auftreiben noch kurzfristig herstellen. Das Raw fand nach monatelanger Wartezeit schließlich einen Ausweg aus dem Dilemma. Man entwickelte aus den Hauptbaugruppen des Neubaukessels der Baureihen 2310 und 5040 einen Ersatzkessel, der entsprechend den neuen Baugrundsätzen der DR in Schweißkonstruktion und zugleich mit der Verbrennungskammer des Neubaukessels zwecks Vergrößerung der hochwertigen Strahlungsheizfläche ausgerüstet war. Damit entstand der erste Rekokessel des späteren Typs 50 E noch bevor alle Kesselzeichnungen und Genehmigungen vorlagen. Dieser 50er-Ersatzkessel wurde im Nachhinein legitimiert und fast unverändert auch in den darauffolgenden Serienumbau der Rekoloks der Baureihe 50 installiert. Er wurde zunächst beim LKM, später durch das Schwermaschinenbaukombinat Magdeburg gefertigt.

Wegen abweichender Fahrwerksabmessungen der Baureihe 50 musste dieser bei der LKM Babelsberg in Auftrag gegebene St 34-Langkessel einschließlich der Rauchkammer neu konzipiert werden. Die Rauchkammer wurde gegenüber der Ursprungsausführung um 180 mm verlängert, während der Abstand zwischen den Rohrwänden mit 4700 mm um 500 mm größer war als bei jenem der Baureihe 5040. Der Aschkasten wurde nach der Bauart Stühren mit seitlichen Luftklappen ausgeführt. Die Kesselspeisung erfolgte nunmehr durch einen Mischvorwärmer der Bauart IfS/DR (IfS = Institut für Schienenfahrzeuge) mit Kolbenverbundmischpumpe. Als zweite Speiseeinrichtung blieb die Dampfstrahlpumpe der Ein-

In ihrer ganzen Schönheit präsentiert sich die 1941 bei der Berliner Maschinenbau AG (BMAG) unter der Betriebsnummer 50 1309 gefertigte und 1962 im Raw Stendal rekonstruierte Lokomotive 50 3708-0 im Bahnhof Kiel der Kamera. Die Maschine war bei verschiedenen Dienststellen in der Magdeburger Börde beheimatet und wurde am 15. August 1988 im Bw Halberstadt abgestellt. Die bis 2014 betriebsfähige Lok gehört der Traditionsgemeinschaft 50 3708

Am 14. Februar 2009 dampft die Lok 50 3708-0 mit einem Sonderzug durch die verschneite Winterlandschaft bei Viernau in der Nähe von Zella-Mehlis

An einem trüben, wenig fotogenen Maitag des Jahres 1991 müht sich die von einer Lok der gleichen Baureihe als Schub unterstützte 50 3708-0 mit einem aus Zementsilowaggons gebildeten Güterzug über eine Steigung bei Weferlingen. Im Hintergrund ist die Zuckerfabrik zu erkennen

heitsbauart erhalten. Der Speisedom entfiel zugunsten einer inneren Kesselspeisewasseraufbereitung und der neue Dampferzeuger erhielt eine größere Anzahl von Waschluken. Der weiterhin verwendete Nassdampfregler der Bauart Schmidt & Wagner wurde nun über einen Seitenzug betätigt, dessen Handgriff beim Öffnen nach vorn geschoben wurde. Die Verbrennungskammer erforderte einen konischen Übergangs-Kesselschluss zum Hinterkessel, dessen größere Breite wiederum den Einbau einer neuen Führerhaus-Vorderwand notwendig machte. Die Führerhäuser selbst wurden möglichst geräumig ausgeführt und hatten folgende Bedienungserleichterungen für das Lokpersonal: bessere Sichtverhältnisse durch Sonnenblenden, Schuten und rotierende Klarsichtscheiben, gepolsterte Sitze mit Rückenlehnen, bessere Erkennbarkeit und höhere Sicherheit durch Triebwerks-, Aufstiegs- sowie Bedienungs- und Anzeigenbeleuchtung, Belüftung durch neue Dachfenster, Zentralschmierung, druckluftbetätigte Zylinderentwässerung, Füllungsänderung durch eine Steuerspindel und Fußbodenheizung. Am Rahmen wurden keine Änderungen vorgenommen. Anstelle der bisherigen großen Wagner-Windleitbleche erhielt die neubekesselte 50 380 solche der Bauart Witte. Am 12. November 1957 verließ die umgebaute, ehemalige 50 380, die zum Zwecke der besseren Unterscheidung als 50 3501 geführt wurde, das Raw Stendal.

Auf der Fahrt nach Weferlingen hat die im Bw Halberstadt stationierte Lokomotive 50 3708-0 am 10. Mai 1987 mit einem Leerwagenzug den Bahnhof Haldensleben hinter sich gelassen

Dieses Bild zeigt die Lok 50 3708-0 vor einem Personenzug kurz vor der Abfahrt aus dem an der Strecke Staßfurt – Blumenberg gelegenen Bahnhof Hecklingen

Die heutige 50 3610-8 war die frühere 50 1768, die 1941 in den Elbinger Schichau-Werken für die DRG gebaut wurde. Nach ihrer Rekonstruktion 1957 wurde die Lok überwiegend vom Bw Magdeburg eingesetzt. Am 3. Mai 1993 erfolgte die Ausmusterung im Bw Wittenberge. Die von einer Privatfirma mit Standort Nossen erworbene Lokomotive erhielt 1998 im Aw Pila (dem früheren Schneidemühl) in Polen eine Hauptuntersuchung und ist seither betriebsfähig. Am 2. April 2010 war die Maschine zu Gast in Trier

Die zuletzt im Bw Chemnitz beheimatete Lokomotive 50 3616-5 am 21. Oktober 1992 mit dem Lg 77353 (Chemnitz-Gbf – Pockau-Lengefeld) bei einem Halt in dem an der Flöhatalbahn gelegenen Bahnhof Grünheinrichen-Borstendorf. Dieser kleine Bahnhof strahlt noch den unverwechselbaren morbiden Charme der früheren DDDR-Reichsbahn aus. Die vom Verein Sächsischer Eisenbahnfreunde (VSE) erhaltene Maschine ist nach einigen Unterbrechungen heute wieder betriebsfähig

Der an der Strecke Annaberg-Buchholz – Schwarzenberg gelegene, im Jahr 1889 fertiggestellte, 236,5 m lange, in Fischbauchträgerbauweise ausgeführte Stahlviadukt von Markersbach war schon seit jeher ein besonders markantes Fotoobjekt. Dieses Bauwerk befuhr am 20. September 1997 Lok 50 3616-5 mit einem aus Reichsbahn-Umbauwagen gebildeten Personenzug

Die seit März 1987 mit einem Neubautender 2´2´T 28 gekuppelte Lok 50 3616-5 am 7. Oktober 1993 vor dem Lokschuppen des Bahnbetriebswerks Blankenstein/Thüringen

Im Mai 1998 führte die Lok 50 3648-8 einen mit Güterzuggepäckwagen eingestellten authentischen Fotogüterzug auf der Fahrt von Zwickau nach Johanngeorgenstadt/Erzgebirge in der Nähe von Breitenbrunn durch das romantische Tal der Zwickauer Mulde. Auch diese Maschine hat einen der nach Ausmusterung von Neubauloks überzähligen Neubautender erhalten

Lok 50 3648-8 im April 1990 im verräucherten Rundschuppen des Bw Eberswalde. Hier war die Maschine von 1982 bis 1993 stationiert

Mit ihrer kurzen Übergabe von Annaberg-Buchholz kommend hat Lok 50 3648-8 den Bahnhof Wolkenstein fast erreicht. Bis 1986 war dieser Bahnhof der Ausgangspunkt der unter dem Namen Preßnitztalbahn bekannt gewordenen 750 mm-Schmalspurstrecke nach Jöhstadt

Serienbau, Einsatz und Bewährung

Das Raw Stendal rekonstruierte zwischen 1957 und 1962 insgesamt 208 Lokomotiven der Baureihe 50 zur Baureihe 5035. Schon nach den ersten bei der VES-M Halle durchgeführten Erprobungen stellte sich der neue Rekokessel des Typs 50 E als gelungener Wurf heraus. Abgesehen von geringfügigen Kinderkrankheiten, die schnell abgestellt werden konnten, beeindruckte dieser durch gute Verdampfungsleistung. Ohnehin hatte man die für die Fahrzeitberechnung zugrunde gelegte Verdampfungsleistung nach einer Reihe von Versuchsfahrten mit 65 kg/m^2h um 8 kg höher ansetzen können als die des Ursprungskessels, ohne Schäden durch Überlastung befürchten zu müssen. Doch ließ sich der Kessel ohne Schwierigkeiten auch mit mehr als 80 kg/m^2 h belasten, ohne dabei Erschöpfungsanzeichen zu zeigen.

Mit diesem Dampferzeuger hatten die Konstrukteure ein Problem gelöst, das dem Betriebsdienst in den Einsatzstellen besonders unter den Nägeln brannte. Noch auf Jahre musste man mit Braunkohle und anderen minderwertigen Brennstoffen auskommen, wobei sich eine durchgreifende Besserung nicht abzeichnete. Trotz des häufig schlechten Brennstoffs nahm dieser Kessel die minderwertige Kohle weniger übel. Spitzendruck zu halten war kaum noch ein Problem, was bei der 50 im Originalzustand nicht selten für Lokführer und Heizer zu einer Tortur geführt hatte. Als äußerst vorteilhaft erwiesen sich dabei die Luftklappen des Aschkastens direkt unter dem Bodenring, die stets eine ausreichende Menge Verbrennungsluft zuführten. Nachteilig machten sich anfangs die Mischvorwärmeranlage und der neue Seitenzugregler bemerkbar, da er sich leider nur schwer und unkontrolliert öffnen ließ. Schuld daran waren die Gelenke des aufwändigen, außen liegenden Gestänges, das neben der Verschmutzung oftmals zuviel Spiel aufwies. Es steht aber außer Frage, dass die Reko-50 bei den Personalen sehr beliebt war und sich insgesamt bestens bewährte.

Bis zum Jahr 1962 wurden insgesamt 208 Lokomotiven der Baureihe 50 beim Raw Stendal rekonstruiert und als 50 3501 bis 3708 eingereiht. Die Rekokessel für die ersten 23 Lokomotiven lieferte der VEB Lokomotivbau „Karl Marx“ (LKM) Babelsberg, für weitere 33 Kessel zeichnete das Raw Halberstadt und für die restlichen 152 Dampferzeuger der VEB Schwermaschinenbau „Karl Liebknecht“ (SKL) in

Lok 50 3648-8 und eine Schwestermaschine befinden sich mit einem aus Richtung Werdau kommenden Sonderzug in voller Fahrt durch den Bahnhof Wünschendorf/Elster. Das links sichtbare Stellwerk B 2 ist noch heute erhalten

Im Mai 1996 passiert die Rekolokomotive 50 3648-8 mit einem im Rahmen einer Plandampfveranstaltung geführten Personenzug von Schwarzenberg nach Zwickau den in Aue gelegenen Schrankenposten 10

Mit Volldampf durchfährt am 9. Mai 1998 die bei einer Plandienstveranstaltung eingesetzte Lok 50 3648-8 mit einem Güterzug das Schwarzwassertal in der Nähe von Hakenkrümme. Zum Zwecke der Uranabfuhr durch die Sowjets wurde diese einst zweigleisig geführte, nach Kriegsende teilweise demontierte Strecke bis 1950 wieder zweigleisig ausgebaut

Lokomotive 50 3655-3 – die ehemalige 1942 bei den Berliner Borsig-Werken gebaute ÜK-Lok 50 2220 – war zuletzt im Bw Karl-Marx-Stadt beheimatet. 1992 erwarb die Eisenbahn-Traditions e.V. in Lengerich die arg heruntergekommene Lokomotive und setzte sie bis zum Fristablauf im Jahr 2009 auf der Teutoburger-Wald-Eisenbahn vor Sonderzügen ein. Derzeit wird an der erneuten Inbetriebnahme gearbeitet. Hier sehen wir die Lok am 26. Dezember 1996 nahe Lengerich

Noch aktiv im DR-Einsatz befand sich Lok 50 3655-3, als sie am 12. September 1985 den Personenzug P 9675 (Schwarzenberg – Zwickau) in der Nähe von Schwarzenberg-Neuwelt durch die bewaldete Landschaft beförderte

getauscht. Eine Erneuerung der Giesl-Ejektoren war nur gegen erneute Devisenzahlungen an den österreichischen Lizenzgeber zu haben. Diese Investition schien für die DR nicht mehr lohnend, weil man von einem baldigen Ende des Dampfbetriebes ausging.

Auch nach der Rekonstruktion besaßen die Maschinen ihre angestammten Einheitstender der Bauart 2′2′T 26. Im Zeitraum von 1974 bis 1982 wurden jedoch viele Lokomotiven mit Neubautendern 2′2′T 28 von ausgemusterten Maschinen der Baureihen 2310 und 5040 gekuppelt. Diese Tender waren nach Ausmusterung der Neubauloks überzählig geworden und konnten so noch sinnvoll weiterverwendet werden.

Die Rekolokomotiven der Baureihe 5035 wurden nach Indienststellung anfangs fast ausschließlich von der Rbd Magdeburg eingesetzt. So besaß das Bw Güsten 1960 21 Maschinen, das Bw Halberstadt 26, das Bw Köthen 13, das Bw Magdeburg-Rothensee 28, das Bw Oebisfelde 13 und das Bw Stendal 8 Lokomotiven. Seinen größten Bestand dürfte das Bw Güsten Mitte 1971 mit 39 Einheiten erreicht haben. Es besaß mit der 50 3501 und der 50 3708 zugleich die erste und die letzte Lok dieser Baureihe. Die Maschinen kamen überwiegend auf den Flachlandstrecken der Magdeburger Börde und in der Altmark vor praktisch allen Zuggattungen zum Einsatz. Nicht selten waren sie auch im Reisezugdienst – teilweise sogar vor Schnellzügen mit geringen Höchstgeschwindigkeiten, noch häufiger aber vor Personenzügen – anzutreffen. Beliebt waren die Maschinen insbesondere dort, wo an den Zielbahnhöfen keine Drehscheiben vorhanden waren und mit Tender voraus zurückgefahren werden musste. Die große Vorderwand des Schlepptenders bot den Personalen einen hinlänglichen Schutz vor Witterungseinflüssen und Zugluft. Das Leistungsprogramm der 5035 sah die Beförderung eines Güterzuges von 1370 t in der Ebene mit 60 km/h und im Personenzugdienst ein Wagenzuggewicht von 800 t mit 80 km/h vor. Allein diese Werte mögen für die gelungene und hochwertige Konstruktion sprechen.

Ab Januar 1961 wurden fabrikneue Lokomotiven den Bw Hagenow Land, Parchim, Rostock und Schwerin der Rbd Schwerin zugeteilt. Für kurze Zeit hatten auch die Bw Dresden-Friedrichstadt, Adorf, Gera und Werdau der Rbd Dresden solche Lokomotiven, doch wurden sie im Zuge von Gattungsbereinigungen bald wieder in die Rbd Magdeburg umgesetzt. Erst ab 1978 waren bei der Rbd Dresden wieder Zugänge zu verzeichnen, die bei den Bw Dresden, Karl-Marx-Stadt, Nossen, Glauchau und Reichenbach beheimatet waren. Gerade hier wurden sie aufgrund ihrer Leistungsfähigkeit für den mittelschweren Güterzugdienst unentbehrlich. Anfang des Jahres 1988 waren noch vier Maschinen im Bw Glauchau im Dienst, die von der Est Rochlitz eingesetzt wurden. Das Bw Halberstadt verfügte zum gleichen Zeitpunkt noch über sieben Maschinen, deren Einsatz überwiegend von der Est Oschersleben erfolgte. Am 31. März 1988 erhielt die 5035 im Raw Meiningen eine Hauptuntersuchung nach der Schadgruppe L 7. Gleichzeitig war dies die letzte der DR-Dampfloks, die in Meiningen hauptuntersucht wurde. Seither wurden dort nur noch Museumsloks aufgearbeitet. Der letzte Regelspurdampfzug wurde ebenfalls von einer Lokomotive der Baureihe 5035 gefahren. Es war die 50 3559, die – von der Est Oschersleben eingesetzt – am 29. Oktober 1988 die zumindest offiziell letzte planmäßige Dampflokleistung in Form eines Umlaufs Halberstadt – Magdeburg – Thale – Halberstadt bespannte. Danach wurden verschiedene 5035 noch als Heizloks für die stationäre Dampfversorgung eingesetzt.

Von der Baureihe 5035 hat im In- und Ausland die beachtliche Zahl von insgesamt 82 Exemplaren in den unterschiedlichsten Erhaltungszuständen – vom verrosteten Torso bis zur betriebsfähigen Museumslok – überlebt. Davon scheinen derzeit immerhin acht Maschinen betriebsbereit zu sein. Es bleibt zu hoffen, dass sich die Nachwelt noch lange an diesen formschönen, auch vom Betriebsdienst sehr geschätzten Lokomotiven erfreuen kann. Immerhin haben sie in ihrer über 30-jährigen Einsatzzeit ein wichtiges Kapitel der DR-Zugförderung geschrieben.

Die ölgefeuerte Baureihe 5050

Bereits 1959 startete die DR die ersten Versuche mit einer Ölhauptfeuerung für Dampflokomotiven. Dabei wollte man das bei der Ölweiterverarbeitung anfallende schwere „Bunkeröl D“ für Feuerungszwecke in besonders stark belasteten Dampfloks nutzen, um deren Kesselwirkungsgrad zu steigern. Weiteren Auftrieb erhielten diese Überlegungen durch den zwischen 1959 und 1964 erfolgten Bau einer direkten Erdölleitung vom sowjetischen Kuibyschew zum Petrochemischen Kombinat Schwedt/Oder. Erste Loks der Baureihe 44 waren zwar schon 1961 umgebaut worden, doch erst nach Fertigstellung der Leitung im Herbst 1964 erhielten in rascher Folge Lokomotiven der Baureihen 015, 0310, 44 und 95 die Ölhauptfeuerung. Obwohl sich der verdampfungs-

Die beim Bw Halberstadt beheimatete und von der Est Oschersleben eingesetzte 50 3657-9 steht 1977 vor einem Personenzug abfahrbereit im Bahnhof Nossen. Die Maschine entstand am 28. April 1961 durch Rekonstruktion aus der 1941 bei der BMAG gebauten 50 1094. 1978 erfolgte ihre Umbeheimatung in das Bw Glauchau. Ihre Ausmusterung fand am 22. Dezember 1992 im Bw Dresden statt

Die Lokomotive 50 3661-1 des Bw Dresden bespannte am 29. März 1990 einen aus Doppelstockwagen bestehenden Personenzug in der Nähe von Bärenstein. Die 1994 beim Bw Görlitz ausgemusterte Maschine gehört heute einer französischen Eisenbahnfreunde-Vereinigung, ist aber nicht betriebsfähig

Lok 50 3662-9 des Bw Magdeburg mit einem Güterzug im Juni 1988 bei einem Halt im Bahnhof Altenweddingen.
Der Verkehr auf der befahrenen Bahnlinie von Schönebeck/Elbe nach Blumenberg wurde Ende 1999 eingestellt. Die Gleise wurden mittlerweile abgebaut

Am 29. Oktober 1988 bespannte die Lok 50 3559-7 des Bw Halberstadt mit dem P 8457 den allerletzten planmäßigen Dampfpersonenzug der Deutschen Reichsbahn auf Normalspurgleisen. Hier sehen wir den auch von Eisenbahnfreunden beachteten Zug bei der Ausfahrt aus dem Bahnhof Langenweddingen

freudige Verbrennungskammerkessel der Baureihe 5035 an sich für einen solchen Umbau ebenfalls anbot, begannen Überlegungen dazu erst 1965. Im Januar 1966 war der Umbau der ersten Lok – es war die 50 3567 – im Raw Stendal fertiggestellt und in 50 5001 umgezeichnet. Bis 1971 wurden insgesamt 72 Lokomotiven auf diese Feuerungsart umgerüstet. Zwecks einer besseren Unterscheidung erhielten diese Maschinen die Unterbaureihenbezeichnung 5050. Zweck des Umbaus war weniger eine weitere Leistungssteigerung der Lokomotiven als vielmehr wegen der Möglichkeit, unabhängig vom physischen Vermögen des Heizers und ständig wechselnder Kohlequalität, auch vor schweren Zügen mit permanenter Kesselhöchstleistung fahren zu können, wann immer dies erforderlich war.

Als Vorbild für den Umbau dienten die 44 Öl der DR. Die Feuerung wurde deshalb wie bei diesen ausgeführt. Der Aschkasten entfiel zugunsten eines Feuerraumes, der mit Siliziumkarbidsteinen ausgemauert und mit einem zusätzlichen Luftzuführungskasten ausgestattet war. Zwei Flachbrenner zerstäubten das bereits im Tender vorgewärmte Öl mittels Heißdampf bei Temperaturen von bis zu 430 Grad Celsius im Feuerraum, was anfangs zu Problemen bei der Schmierung der Karl-Schulz-Schieber führte. Nach Einbau der von abgestellten 52ern entnommenen Regelkolbenschieber und Winterthur-Druckausgleicher gehörten die Schieberschäden der Vergangenheit an. Die Ölbrenner hatten allerdings die negative Eigenschaft, besonders laute dröhnende Geräusche von sich zu geben, weshalb die Personale angewiesen waren, Gehörschutz zu tragen. Ein Ersatz der Feuertüren durch feste Klappen mit Dämmschicht und Schauluke konnte dieses Problem nur teilweise beseitigen. Aus dem 2´2´T 26-Tender entstand durch Einsetzen eines mit Vorwärmerschlangen ausgestatteten Öltanks in den Kohlenkasten der Öltender mit einem Fassungsvermögen von 11.2 m^3 schwerem Heizöl.

Neu zugeteilt wurden die ölgefeuerten Lokomotiven der Baureihe 5050 ausschließlich den Direktionen Greifswald (Bw Angermünde und Pasewalk) und Schwerin (Bw Wittenberge, Rostock und Wismar). Häufig beförderten sie schwere Kesselwagenzüge von und nach Berlin, wobei die Maschinen voll gefordert wurden. Die Lokomotiven, deren Kessel gute Verdampfungsleistungen zeigten, bewährten sich ausgezeichnet. Es machte schon einen erheblichen Unterschied, ob sich vor schweren Zügen ein Heizer mit schlechter Kohle herumplagen musste oder er viel einfacher die Handräder beider Ölbrenner voll aufdrehen konnte.

Nach Umstellung auf EDV-Nummerierung erhielten Öl-50er die Baureihenbezeichnung 5000, also 50 0001 – 0072. Zum Jahresende 1981 mussten auf Verfügung der Hauptverwaltung Maschinenwirtschaft (HvM) alle ölgefeuerten Lokomotiven abgestellt werden. Dies war einzig eine energiepolitische Entscheidung, da sich die Rohölpreise im Ostblock drastisch erhöht hatten. Andererseits konnte man durch inzwischen verbesserte Raffinerietechniken das Bunkeröl D mittlerweile chemisch weiter verarbeiten, also höher veredeln, sprich gewinnbringender verwenden, sodass nur noch stark verminderte Mengen als Brennstoff für Dampflokomotiven zur Verfügung standen. Einige Maschinen dienten weiterhin als mobile Heizanlagen, um noch vorhandene Ölvorräte aufzubrauchen.

Von den ölgefeuerten Lokomotiven hat die 1971 als letzte dieser Baureihe auf Ölfeuerung umgebaute 50 0072 als einzige überlebt. Nach der Abstellung aller ölgefeuerten Normalspurloks konnte sie als selbständig fahrbare Heizanlage überleben, wurde Anfang 1991 durch das Bayerische Eisenbahnmuseum in Nördlingen von der DR erworben und ist seit November 2013 wieder einsatzbereit.

Bild 184 – Die 50 0020 gehörte neben der 50 0048 zu den beiden ölgefeuerten Maschinen ohne vollständige Frontschürze. Am 29. Juni 1978 beförderte die Lok einen langen Güterzug auf dem Berliner-Außenring in Richtung Berlin. Angesichts des Fotografen hat der Heizer zur Freude dessen den Ölschieber geöffnet und eine fotogene Qualmwolke produziert

Am 17. Mai 1979 war auch am Blankenburger Kreuz der Frühling eingezogen. Die 50 0036 (ex. 50 3601) des Bw Angermünde ist mit einem Kesselwagenzug vom Werkbahnhof des VEB Petrochemisches Kombinat (PCK) Schwedt nach Berlin unterwegs

Die aus der 50 3634 entstandene 50 0057 war im Bw Pasewalk stationiert. Hier nimmt die vor einen Behälterzug gespannte Maschine am 28. Januar 1976 am Bahnsteig des Bahnhofs Pasewalk Wasser

Diese stimmungsvolle, zur Tagesrandzeit des 21. Mai 1979 entstandene Aufnahme einer Lz fahrenden 5050 soll am Ende dieses Berichtes stehen. Leider blieb nur ein Exemplar der ölgefeuerten Bauvariante erhalten

Jochen Thorns

Die Eisenbahn auf Korsika

Zwischen Tradition und Moderne

„U Trinighellu" – der Zitternde. So bezeichnen die Korsen ihre Eisenbahn. Doch diese Zeiten sind bei der „Chemins de fer de la Corse" – wie die Eisenbahn auf der französischen Mittelmeerinsel Korsika heute offiziell bezeichnet wird – fast vorbei. In den vergangenen zwölf Jahren wurden mehr als 263 Millionen Euro in Fahrzeuge und Netzunterhaltung investiert. Dabei handelt es sich um das größte Investitionsprogramm seit dem Bau der Eisenbahn auf Korsika. So kommt es, dass mit Ausnahme der „Strandstrecke" zwischen L'Ile Rousse und Calvi in der Regel keine alten Triebwagen mehr eingesetzt werden. Bei den neuen Fahrzeugen der Baureihe AMG 800 zittert nichts mehr …

Die „Chemins de fer de la Corse" (kurz: CFC) hat eine bewegte Geschichte. Seit 1983 hatte die französische Staatsbahn SNCF den Eisenbahnbetrieb auf Korsika übernommen, die CFC wurde als Tochtergesellschaft in das Staatsunternehmen eingegliedert. Damals hatte die Bevölkerung erfolgreich gegen die Stilllegung der gesamten Bahnstrecken auf Korsika protestiert, sodass die mit Ausnahme der Bahnhofsbereiche durchweg eingleisige Schmalspurbahn mit einer Spurweite von 1000 Millimetern in der neuen Gesellschaft erhalten wurde. Gleichwohl gab es Anfang der 1980er-Jahre gute Gründe, die Bahn stillzulegen: Teilweise uralte Fahrzeuge und ausgefahrene Schienen, die einen unruhigen Lauf verursachten, erforderten hohe Investitionen, die Bahn war wenig rentabel. Aus diesen Gründen wurde die Bahn nicht nur als „der Zitternde" bezeichnet. Weitere Kosenamen waren „Trenucciu" (kleiner Zug) und „TGV" als Abkürzung für „Train à Grande Vibration".

Seit 1991 führt die Collectivité territoriale de Corse (CTC) die Verkehrsleistungen im Eisenbahnbetrieb durch; mit dem 22. Januar 2002 ging auch die Eisenbahninfrastruktur auf die CTC über. Seit 2011/12 ist die CFC eine Kapitalgesellschaft mit einer 15-prozentigen Beteiligung durch die SNCF. Hauptanteilseigener ist die CTC, was der Zusammenschluss kommunaler und regionaler Träger öffentlicher Aufgaben auf Korsika ist. Seit August 2013 gibt es zudem eine Partnerschaft mit der SNCF mit einem Vertrag über Unterstützungsleistungen in Technik und Entwicklung über drei Jahre, der einmal erneuert werden kann. Heute betreiben die CFC die beiden Y-förmig angelegten Strecken von Bastia an der Ostküste nach Ajaccio an der Westküste der Insel (als zentrale oder große Linie bezeichnet) sowie von Ponte-Leccia nach Calvi, womit die Nordwestküste von Korsika erschlossen wird. Zusätzlich gibt es in der Umgebung von Bastia und Ajaccio jeweils einen S-Bahn-ähnlichen Vorortverkehr.

In Ile Rousse führt die Strecke direkt am Wasser sowie am Strand lang. AMG-807/808 erreicht auf der Fahrt nach Calvi in Kürze den Bahnhof Ile Rousse

Blick auf das Gleisvorfeld des Depots Bastia. In der Mitte AMG-805/806, rechts davon der Soulé-Triebwagen 9706. Links sind Oldtimer-Fahrzeuge abgestellt, so der rote-beige ABH-8 (X-204) sowie die grüne Lok 114

Einfahrt des AMG-807/808 am Bahnhof Ponte-Leccia auf dem Weg nach Bastia. Im Hintergrund eine Betriebshalle der CFC. Davor sind die Streckendiesellok BB-406 sowie der Spritzwaggon abgestellt

AMG-807/808 abfahrbereit im Bahnhof Ajaccio

AMG-807/808 bei der Ausfahrt des Bahnhofs Ponte-Leccia in Richtung Bastia. Links ist die Feuerwache des Ortes zu erkennen

AMG-811/812 im Bahnhof von Ile Rousse auf der Fahrt in Richtung Calvi

Die Bahnhöfe der CFC strahlen historischen Charme aus, hier in der alten Inselhauptstadt Corte. Rechts: Detail am alten Wasserturm am Bedarfshalt „Le Regino"

Die Bahnstrecken – Ein Blick zurück

Erste Überlegungen zum Bau einer Eisenbahn auf der französischen Mittelmeerinsel gab es bereits 1855, ohne dass es zu konkreten Planungen kam. Neun Jahre später erwog man den Bau einer Bahnstrecke entlang der Ostküste von Bastia nach Bonifacio an der Südspitze der Insel. Später sollte dann die Verbindung von Porto-Vecchio nach Ajaccio gebaut werden. Doch auch dazu kam es nicht, denn die innerkorsische Bergstrecke von Bastia über die alte Inselhauptstadt Corte nach Ajaccio erhielt Priorität. Ein Ingenieurbüro wurde beauftragt, sodass es 1869 erstmals ernsthafte Studien gab. Als Alternative zur damals realisierten und noch heute bestehenden Streckenführung durch das Tal des Flusses Golo von Casamozza nach Ponte-Leccia war auch diskutiert worden, Corte über das an der Ostküste gelegene Aléria und das Tavignanotal zu erschließen. Auch die Idee, die früher diskutierte Ostküstenstrecke über Porto-Vecchio hinaus bis Ajaccio zu verlängern, wurde verworfen, da die Strecke deutlich länger ausgefallen wäre als der direkte Weg über das bergige Inselinnere. Für alle bisherigen Planungen war eine Spurbreite von 1100 Millimetern vorgesehen gewesen.

Finanzielle Probleme verhinderten jedoch zunächst die Realisierung des Projektes. Erst 1877 gab der französische Staat neue Studien in Auftrag, welche sowohl die Inlandsstrecke Bastia – Ajaccio als auch die Strecke an der Ostküste bis Porto-Vecchio umfassten. Die Planer sahen nun eine Schmalspurbahn mit einer Spurbreite von 1000 Millimetern, einem Kurvenradius von 80 Metern und einer maximalen Steigung von 30 Promille vor. Mit wachsendem Projektfortschritt wollten auch die Hafenstadt Calvi und die im Nordwesten der Insel gelegene Region Balagne einen Eisenbahnanschluss. Zusätzlich wurde eine Strecke von Ajaccio ins rund 70 Kilometer weiter südlich gelegene Propriano zwar projektiert, allerdings nie realisiert. Ebenfalls nie realisiert wurden die Streckenabschnitte von Ajaccio ins nordwestlich gelegene Vico (zirka 50 Kilometer) sowie die Direktverbindung an der Westküste der Insel von Calvi weiter über Porto bis nach Ajaccio. Für die in diesem Fall geplante Fortführung der Trasse war der Bahnhof in Calvi bereits als Durchgangsbahnhof in Seitenlage angelegt worden.

Bereits im darauffolgenden Jahr (1878) wurde mit den Bauarbeiten begonnen. Zehn Jahre später konnten die ersten Teilstücke eröffnet werden: Am 1. Februar 1888 der Abschnitt Bastia – Corte sowie am 10. Dezember 1888 der Abschnitt Ajaccio – Bocognano der Inlandsstrecke Bastia – Ajaccio. Im gleichen Jahr konnte auch die Strecke an der Ostküste zwischen Casamozza und Ghisonaccia befahren werden. Und schon im Januar 1889 folgte der erste Abschnitt der Balagne-Strecke zwischen Ponte-Leccia und Palasca. Der daran anschließende Streckenabschnitt zwischen Palasca und dem Endbahnhof Calvi wurde am 15. November 1890 fertiggestellt. Somit gab es erstmals eine durchgehende Bahnverbindung zwischen Calvi und Bastia.

Die Fertigstellung der „Hauptstrecke", nämlich die Inlandsbergstrecke zwischen Bastia und Ajaccio, zog sich bis Ende 1894 hin. Vor allem der topografisch anspruchsvolle Abschnitt rund um Corte mit dem 1892 fertiggestellten 140 Meter langen Viadukt über den Fluss Vecchio, den der bekannte Ingenieur Gustave Eiffel konstruiert hatte, sorgte für Verzögerungen beim Bau. Nach 16 Jahren Bauzeit konnte anlässlich der feierlichen Streckeneröffnung am 3. Dezember 1894 erstmals ein Zug durchgängig von Bastia nach Ajaccio rollen.

Trotz der einfacheren Topografie zogen sich die Arbeiten zum Bau der Strecke an der Ostküste der Insel noch deutlich länger hin. Zwar konnte man seit 1888 bereits bis Ghisonaccia reisen, der Bau des anschließenden, nur rund 20 Kilometer langen Abschnitts bis Solenzara dauerte allerdings bis ins Jahr 1930! Gründe waren Streiks und der Erste Weltkrieg. Nur fünf Jahre später – 1935 – war auch der letzte Streckenabschnitt an der sogenannten „Côte orientale" bis Porto-Vecchio befahrbar (Länge rund 150 Kilometer). Damit hatte das Eisenbahnnetz auf Korsika die größte Ausdehnung erreicht. Seit 1883 war die am 4. August 1881 gegründete „Compagnie de Chemins de Fer Départementaux" (CFD) durch ein Abkommen mit dem Staat mit dem Aufbau und dem Betrieb der Eisenbahn auf Korsika bis ins Jahr 1941 beauftragt (Verlängerung um maximal fünf Jahre Anfang 1942).

Der Zweite Weltkrieg brachte einen massiven Einschnitt: Nicht nur die geplante Verlängerung der Strecke an der Ostküste von Porto-Vecchio bis Bonifacio fiel dem Krieg zum Opfer, auch die vorhandene Strecke selbst wurde zerstört. Denn bei der Landung der deutschen Wehrmacht auf Korsika im Jahr 1943 wurde die neue, gerade einmal acht Jahre alte Ostküstenstrecke stark bombardiert. Durch die Kampfhandlungen sollen 450 Meter Brücken, ein Tunnel, fünf Bahnhöfe, drei Güterschuppen, vier Depots, 15 Lokomotiven, drei Triebwagen und 250 Waggons zerstört worden sein.

Die Wiederaufnahme des Bahnverkehrs erfolgte bereits am 10. Juli 1944. Die CFC verkehrte auf der „großen Linie" Bastia – Ajaccio sowie im Nordwest-Ast von Ponte-Leccia nach Calvi. Verkehr auf der Ostküstenstrecke erfolgte nur zwischen Casamozza und dem etwa zehn Kilometer entfernten Folelli. Dieser Abschnitt wurde allerdings bereits 1953 wieder eingestellt. Seitdem gibt es südlich von Casamozza keinen Betrieb mehr auf der insgesamt 152 Kilometer langen Ostküstenstrecke, welche heute abgebaut ist. Sie dient teilweise als Landstraße. Ein 50 Kilometer langer Abschnitt kann nun mit dem Fahrrad befahren werden.

Im Jahr 1945 wurde der Betrieb der korsischen Eisenbahn aus finanziellen Gründen direkt vom Staat übernommen und der Verwaltung von „Ponts & Chaussées" unterstellt. Es folgten Jahre der Stagnation mit verschiedenen Versuchen, Streckenabschnitte stillzulegen. Im Jahr 1965 wurde die Betriebskonzession der SACFS (Societé Auxiliaire des Chemins de Fer Secondaires) übergeben, die das Netz bis zu finanziellen Schwierigkeiten im Jahr 1972 betrieb. Die Verwaltung als provisorischer Betreiber übernahm bis zum Betriebsübergang an die SNCF im Jahr 1983 die CFTA (Societé générale de chemins de fer et de transports automobiles).

Städtisches Flair: der Bahnhof Ajaccio, direkt am Fährhafen gelegen

Die Einheit aus Soulé-Triebwagen und Steuerwagen verlässt den Bahnhof Ile Rousse in Richtung Calvi

Das Streckennetz heute

Heute bestehen noch die Y-förmig angelegten Strekken zwischen Bastia und Ajaccio (Inlandsstrecke, als „grande ligne“ bezeichnet) sowie der Nordwest-Ast von Ponte-Leccia nach Calvi. Auf diesem Streckenabschnitt wurde bereits 1966 die „Tramway de Balagne“ zwischen Calvi und L'Ile Rousse zur Erschließung der zahlreichen Campingplätze und Strände eingerichtet. Seit 1973 gibt es zwischen Bastia und Casamozza einen S-Bahn-ähnlichen Vorortverkehr, der später auch rund um Ajaccio eingerichtet wurde. Das heutige Streckennetz der CFC ist 230,6 Kilometer lang. Die Hauptstrecke Bastia – Ajaccio mit einem Höhenunterschied von 930 Metern bei einer maximalen Steigung von drei Prozent (= 30 Promille) ist 157,4 Kilometer lang, der nordwestliche Streckenarm von Ponte-Leccia nach Calvi 73,2 Kilometer. Im Strekkennetz gibt es nach Betreiberangaben 83 Bahnübergänge, 59 Brücken und 57 Tunnel, wobei der längste Tunnel bei Vizzavona 3916 Meter misst, um den Hauptkamm des korsischen Gebirges zu unterqueren. Das Besondere an dem Tunnel ist, dass er schnurgerade ist und nicht wie andere Scheiteltunnel den höchsten Punkt in der Mitte des Bauwerks aufweist. Zudem soll er der längste Tunnel in einem Schmalspureisenbahnnetz in ganz Frankreich sein. Nördlich des Vizzavona-Tunnels befinden sich mehrere Kehren mit kurzen Kehrtunneln. Als spektakulärster Streckenabschnitt wird oft der Abschnitt von Corte in Richtung Ajaccio bezeichnet, auf dem sich auch das imposante von Gustave Eiffel gebaute „Viaduc du Veccio“ befindet.

Seit 2004 wird das Streckennetz inklusive der Signaltechnik umfassend saniert. Damit sollen einerseits der Fahrkomfort gesteigert, andererseits die Strecken – zumindest in Teilabschnitten – für höhere Geschwindigkeiten ertüchtigt werden, um so die Fahrzeiten vor allem auf der Hauptstrecke Bastia – Ajaccio zu verkürzen. So sind die neuen Triebwagen der Baureihe AMG 800 für eine Höchstgeschwindigkeit von 100 km/h ausgelegt.

Bedeutende Bahnhöfe befinden sich in Bastia, Casamozza, Ponte Leccia, Corte, Ajaccio, Ile Rousse und Calvi. Insgesamt sind im Streckennetz 16 Bahnhöfe und 49 Haltepunkte. Der höchst gelegene Bahnhof ist mit 906 Metern über NN in Vizzavona am bekannten europäischen Fernwanderweg GR 20.

Während sich zu früheren Zeiten Betriebswerke mit Depot und Werkstatt in Bastia, Ajaccio, Corte, Calvi und Ghisonaccia befanden, konzentriert sich der Betrieb heute auf das Depot in Bastia und vor allem auf Cassamozza, wo seit 1976 (die offizielle Einweihung erfolgte im Juni 1978) die moderne Zentralwerkstatt angesiedelt ist. Personaleinsatzpunkte (und damit auch Standorte der Triebwagen) befinden sich in Bastia, Ajaccio und Calvi.

Die Zentralwerkstatt der CFC in Casamozza

Blick auf den Bahnhof Ponte-Leccia aus Richtung Süden. Rechts neben dem Wasserturm ist die Betriebshalle der CFC zu erkennen. Ganz rechts sind Flachwaggons sowie die Überreste des Wagenkastens der Billard-Draisine (Nr. 746) abgestellt

Der Bahnhof Ile Rousse. Der ehemalige Güterschuppen wird heute von der CFC als Betriebshalle genutzt

Zwei-Wege-Hydraulikbagger des Bauunternehmens S.F.E. Der Bagger mit dem Typschild DSF 3651 wurde von Donelli gebaut

Rollendes Material

Auch wenn bei der „Chemins de fer de la Corse“ im Vergleich mit anderen Eisenbahngesellschaften schon früh Dieseltriebwagen eingesetzt worden sind, dominierten zunächst Dampfloks das Geschehen. Die erste Serie von Dampfloks lieferte die „Compagnie de Fives-Lille“ aus dem nordfranzösischen Lille auf die Mittelmeerinsel. Es handelte sich um Tenderlokomotiven der Baureihe 031T, bei denen hinter den drei Treibachsen eine Laufachse unter dem Fahrerstand montiert war. Insgesamt 14 Stück (Betriebsnummern 28 bis 41) wurden in den Jahren 1886 und 1888 geliefert. Die Lokomotiven mit den Nummern 29 bis 37 waren in Bastia stationiert, die anderen in Ajaccio.

Im Jahr 1891 lieferte Fives-Lille vier Tenderloks (Nummern 53 bis 56) des Typs 130T, bei denen die Laufachse den drei Treibachsen vorangestellt war, die in Calvi eingesetzt wurden. Die letzte Fives-Lille-Dampflok auf Korsika wurde 1948 ausgemustert. Es handelte sich um die Lok mit der Nummer 38. Die nicht so leistungsfähige Fives-Lille 031T wurde vor allem auf der flachen Ostküstenstrecke, die Fives-Lille 130T auf der Strecke nach Calvi eingesetzt.

Zwischen 1892 und 1932 wurde auf sogenannte Mallet-Tenderloks 020-020 zurückgegriffen. Insgesamt 22 Lokomotiven wurden von der Societé Alsacienne de Constructions Mécaniques (SACM) in Belfort produziert und erhielten die Nummern 301 bis 319 sowie 351 bis 353. Ab der Baunummer 307 (andere Quellen sprechen von der Nummer 309) erfolgte die Produktion der leicht verbesserten Maschine im Werk in Graffenstaden (einem Vorort von Strasbourg). Die Mallet-Loks mit dem bekannten Verbundtriebwerk gingen auf Patente des Schweizer Ingenieurs Anatole Mallet zurück. Die 7,45 Meter langen Dampfloks erreichten eine Höchstgeschwindigkeit von 60 km/h. Die letzte Mallet-Maschine wurde 1954 ausgemustert. Zuvor war sie vor allem als Schneepflug vom Depot in Corte eingesetzt. Haupteinsatzgebiet der Mallet-Loks war die anspruchsvolle Bergstrecke zwischen Bastia und Ajaccio.

Während des Zweiten Weltkrieges wurde die Eisenbahn auf Korsika intensiv vom Militär genutzt. Daher verstärkten ab März 1944 einige aus Algerien abgezogene Kriegslokomotiven den Fuhrpark (vier 1897 gebaute Mallet-Tenderlokomotiven 020-020 von Batignolles und zwei 1925 gebaute Tenderlokomotiven 050 von Orenstein & Koppel). Diese hielten sich nach dem Krieg jedoch nicht lang im Betrieb.

Dieselloks spielen auf Korsika bis heute kaum eine Rolle: Personenzüge wurden nie mit Dieseltraktion bespannt; Dieselloks kamen (und kommen) lediglich im Güterverkehr, zur Netzunterhaltung oder zur Zugbereitstellung in den Depots zum Einsatz. Die beiden ersten Dieselloks erwarb die CFC 1951. Es handelte sich um zwei dieselelektrische Loks von Brissonneau & Lotz (Nummern 401 und 402), die mit zwei je 300 PS leistenden Renault-V-12-Motoren bestückt waren. Ein weiteres Exemplar wurde zwölf Jahre später, 1963, von der Chemins de Fer de Provence

Bauzugwaggons der Firma S.F.E. am Bahnhof Bigulia

In Ponte-Leccia war dieser Bauzug der Firma S.F. E. mit zwei Schotterwaggons anzutreffen. Die Lok wurde 1960 unter der Nummer 5232 von Gmeinder für die Chemischen Werke Hüls gebaut

Detailansicht des Schotterwaggons

erworben (Nummer 403), um die verunglückten Loks 401 zu ersetzen. Diese Dieselloks wurden insbesondere für den Güterverkehr auf der „grande ligne“ eingesetzt. Die Ausmusterung erfolgte Anfang der 1970er-Jahre, die der Lok Nummer 403 im Jahr 1981.

Für den Güterverkehr und die Netzunterhaltung wurden ab 1966 neue Streckendieselloks beschafft. Es handelte sich um Fahrzeuge der Baureihen BB-400 und BB-800, die in den Werkstätten der CFD in Montmirail gebaut worden sind. Die erste Lok wurde 1966 als Neubau geliefert (Nummer 405). Im Januar 1974 folgte eine zweite, 1963 gebaute Lok (Nummer 404), welche zuvor in der Provence im Einsatz war. Die dritte Lok mit der CFC-Nummer 406 ging im Juli 1994 in Dienst. Sie war 1973 gebaut worden und zuvor bei der Firma Speno im Bauzugdienst im Einsatz. Vor dem Einsatz auf dem korsischen Streckennetz musste die Lok noch von Normalspur auf die 1000-Millimeter-Schmalspur umgespurt werden. Die Loks 404 und 405 wurden im Jahr 2011 verkauft. Als Ersatz war geplant, 2009 bei der belgischen Firma Rail & Traction zwei neue, baugleiche Dieselloks zu beschaffen. Beide Loks hatte das belgische Unternehmen gebraucht bei der Firma Speno erworben und an die CFC weiterveräußert. Es handelte sich um in Deutschland unter der Baureihe 715 eingesetzte Bauzugloks, die bei Rail & Traction von der Normal- auf die Meterspur umgespurt worden sind. Die Lok mit der Nummer 407 wurde 2009 geliefert, kam allerdings nie in den Plandienst, da es bis heute technische Probleme gibt. So kam es, dass die vorhandene Lok 406 zwischen 2011 und 2015 die einzige Diesellok der CFC war. Erst im November 2015 lieferte Rail & Traction, das Unternehmen war zwischenzeitlich in finanziellen Schwierigkeiten, die Lok 408 nach Korsika. So sind heute die drei Dieselloks 406, 407 und 408 vorhanden, wobei Lok 407 nach wie vor in der Zentralwerkstatt in Casamozza steht.

Vor allem für den Güterverkehr auf der Balagne-Strecke nach Calvi baute die eigene Werkstatt 1955 die Reste des im Krieg zerstörten Dieseltriebwagen 114 in eine Lok um, die bis Anfang der 1990er-Jahre im Einsatz blieb. Die Lok konnte nur vier Güterwaggons mit einer maximalen Last von 40 Tonnen ziehen. Das ungewöhnliche Aussehen trug der Lok mehrere Spitznamen ein, so „U-Boot“ oder „Das Tier von Calvi“. Sie ist erhalten geblieben und wartet auf dem Abstellgleis im Depot von Bastia auf Restauration.

Vor allem für Verschubdienste hatten die CFC vier weitere kleine Dieselloks. Die erste Lok wurde 1956 aus dem ehemaligen Triebwagen 103 in eigener Werkstatt umgebaut (Nummer 403). Die Loks mit den internen Nummern 1, 2 und 3 stammten aus den Jahren 1948 bis 1951 und wurden jeweils gebraucht gekauft. Alle Loks sind ausgemustert; die Lok 1 wird seit 1987 vom Eisenbahnmuseum Valmondois (nördlich von Paris) fahrfähig erhalten.

Von 1990 bis Januar 2015 gab es im Bestand der CFC auch zwei als VTM (Véhicule de traction et de maintenance) bezeichnete Rottenkraftwagen 850-01. und 850-02, die 1990 von der Firma L. Geismar in Colmar geliefert wurden. Während das Fahrzeug 850-01 mit einer Hubarbeitsbühne für Wartungs- und Kontrollarbeiten ausgestattet war, verfügte das andere Fahrzeug über einen Ladekran. Ein Fahrzeug war in Ajaccio, das andere in Calvi stationiert. Beide Fahrzeuge waren nicht nur für Wartungs- und Unterhaltungsarbeiten des Streckennetzes vorgesehen, sondern auch für den Güterverkehr. So besorgte vor allem das in Calvi stationierte VTM auch die Traktion des Güterzugverkehrs auf der Strecke zwischen Ponte-Leccia und Calvi. Dies war in den 1990er-Jahren auch oft der Transport von Pkw-Mietwagen auf Flachwaggons. Im Januar 2015 wurden die beiden Fahrzeuge an das Gleisbauunternehmen S.F.E. in Neapel verkauft; das Fahrzeug 850-02 war bereits längere Zeit mit einem Motorschaden abgestellt.

Waggons für den Personen- und Güterverkehr

Mit der Aufnahme des Eisenbahnverkehrs auf Korsika gab es ausschließlich lokbespannte Züge. Daher wurden in den Jahren 1888 bis 1891 zahlreiche Personenwaggons (1./2. Klasse sowie 3. Klasse) ebenso beschafft wie Güterwagen verschiedenster Ausführungen (Flachwagen, gedeckte Güterwagen, Kesselwagen). Die letzte Neubeschaffung an Güterwagen erfolgte 1930, die von Personenwaggons zwei Jahre später. Während durch die frühe Einführung der Triebwagen für den Personenverkehr an Personenwaggons zunächst kein Bedarf mehr bestand, erreichten die Güterwagen einen langen Nutzungszeitraum. Im Jahr 1999 waren 67 Waggons bei der CFC vorhanden, davon waren 50 betriebsbereit. Vor allem Flachwaggons wurden für den Pkw-Transport zwischen Bastia und Ajaccio genutzt. Unter den Waggons befanden sich auch Wagen für den internen Bedarf sowie ein Löschwaggon der Feuerwehr des Départements Haute Corse.

Etwa 2004/2005 haben die CFC neue Güterwagen erworben: Man kaufte in Rumänien zehn Flach-

Im Depot Bastia waren 2015 noch zahlreiche ausgemusterte Triebwagen und Güterwaggons abgestellt

Der Verein „Cercle Ferroviaire Corse“ hat sich zur Aufgabe gemacht, das historische Fahrzeugmaterial der CFC für ein Museum zu erhalten. Dazu gehören auch der Triebwagen Renault ABH-8 (X-206) und der Steuerwagen XR-113, die beide am Haltepunkt Lumio abgestellt waren. Seit 2016 sind sie in einem Hangar untergestellt

Die Lok BB-406 war 1973 gebaut und 1994 von der CFC übernommen worden. Zuvor war sie bei der Firm Speno im normalspurigen Bauzugdienst im Einsatz. Hersteller ist CFD Industrie (Suresnes)

Zwei 2004/2005 in Rumänien gekaufte Flachwagen am Haltepunkte Le Regino. Sie wurden zum Transport der Schienen bei der Instandsetzung des korsischen Schienennetzes genutzt

Ein Flachwaggon Rgkmm wurde zum Hubarbeitswagen umgebaut und mit einer TMS-Hubarbeitsbühne sowie einem Stromerzeuger zur Netzunterhaltung ausgestattet

Ein weiterer Flachwaggon Rgkmm wurde zu einem Unkrautspritzwaggon umgebaut

wagen, welche ebenfalls vor allem für den Pkw-Transport genutzt werden sollten. Durch den Ausfall der Dieselloks 2006 und die damit verbundene Einstellung des Güterverkehrs brach der Güterverkehr jedoch ein. Daraufhin wurde ein Waggon zum Spritzwaggon für Unkrautvernichtungsmittel umgebaut, ein anderer erhielt eine Hubarbeitsbühne für Wartungs- und Kontrollarbeiten im Streckennetz. Die restlichen acht Flachwaggons werden insbesondere für betriebsinterne Transporte genutzt; allerdings ist eine Wiederaufnahme des Güterverkehrs durchaus Gegenstand der Gedankenspiele.

Die Dieseltriebwagen

Bereits Mitte der 1930er Jahre wurden zur Personenbeförderung auf Korsika Dieseltriebwagen genutzt. Der Übergang von der Dampf- zur Dieseltraktion wurde nach dem Zweiten Weltkrieg durch die starken Zerstörungen der Infrastruktur beschleunigt. Besonders bemerkenswert ist, dass die Triebwagen, aber auch die Bei- und Steuerwagen, auf Korsika nicht nur lange, ja jahrzehntelange Dienstzeiten aufweisen, sondern immer wieder neu lackiert, neu karossiert oder bei Bedarf vom Triebwagen in einen Steuerwagen umgebaut worden sind.

Bereits 1924 wurden erste Versuche mit zwei diesel-elektrischen Triebwagen Ae-51 von Crochat auf Korsika gemacht. Die beiden Fahrzeuge waren jedoch langsam, schwer und auch beim Komfort nicht überzeugend, sodass diese nach einem Unfall 1928 ausgemustert und an die CFD Charentes verkauft wurden.

Im Juni 1935 lieferte Billard (Tours) den ersten Triebwagen des Typs A-210 nach Korsika. Dieser wurde bis September 1938 durch fünf weitere Fahrzeuge, acht Beiwagen A-210 sowie sechs Billard-Triebwagen A-150 ergänzt. Der bereits 1935 gebaute Prototyp mit der Nummer 101 wich optisch von den Serienfahrzeugen ab. Die 17 Meter langen und mit einem 210-PS-Dieselmotor ausgestatteten Billiard A-210 D waren bis in die 1960er Jahre auf Korsika in Gebrauch.

Am 19. April 1936 wurde der regelmäßige Personenverkehr auf der „grande ligne“ mit den Dieseltriebwagen aufgenommen, zunächst gab es drei Hin- und Rückfahrten Ajaccio – Bastia pro Woche. Der Personenverkehr mit Dampfzügen wurde nach Verfügbarkeit der weiteren Triebwagen weiter reduziert. Im März 1950 wurde der letzte dampfbespannte Personenzug zugunsten der Triebwagen eingestellt.

Im Frühjahr 1950 wurden für das Eisenbahnnetz auf Korsika acht neue, 1949/50 gebaute Triebwagen des Typs Renault ABH-8 mit dem Kosenamen „La Micheline“ (Serie X-200) in Dienst gestellt. Die letzten Fahrzeuge dieser Baureihe wurden erst 2009/2010 abgestellt. Renault baute den Typ ABH-8 in Choisy-le-Roi bei Paris. Das Modell war von den Typen ABH-1 und ABH-5 abgeleitet, die zwischen 1935 und 1945 an die Chemins de Fer Provence geliefert worden waren.

Der neue Netzbetreiber SACFS (ab 1965) hielt die ABH-8 jedoch für zu schwer für das korsische Schmalspurnetz und stellte die Renault-Triebwagen zwischen 1965 und 1971 größtenteils ab. Erst die neue Gesellschaft CFTA setzte die ABH-8 ab etwa 1972 wieder ein.

Dem ABH-8 folgten daher zwischen Mitte der 1960er und Anfang der 1970er Jahre drei 1947 gebaute Triebwagen Billard A-150 (1966 – 1969), 17 vor allem noch vor dem Zweiten Weltkrieg gebaute Billard-Triebwagen A-80 D (1966 – 1970) sowie drei Beiwagen R-210 und zwei des Typs CFD. Diese Fahrzeuge waren allesamt gebraucht bei verschiedenen Schmalspurbahnen bzw. im eigenen SACFS-Netz in Frankreich erworben worden. Die von einem 80-PS-Dieselmotor angetriebenen Triebwagen A-80 D mit 32 Plätzen erreichten bei einem Eigengewicht von neun Tonnen eine Höchstgeschwindigkeit von 75 km/h. Der Typ A-150 wurde insbesondere auf der Linie in der Balagne eingesetzt, in der Saison teilweise ergänzt durch einen Beiwagen. Je nach Bedarf fuhr er aber auch die 1966 geschaffene Schnellverbindung Bastia – Ajaccio, auf welcher normalerweise die A-80 D die Strecke mit einer Durchschnittsgeschwindigkeit von „sagenhaften“ 53,6 km/h in 2:56 Stunden bedienten ...

Ein Einzelstück blieb der 1973 gebraucht erworbene De Dion & Bouton-Triebwagen OC-1, der als X-158 bezeichnet wurde. Er wird heute bei Eisenbahnfreunden in Nordfrankreich erhalten.

Eine Besonderheit gab es bei der „Tramway de Balagne“ zwischen 1955 und 1957: Ein Zugpaar wurde von der Lok 114 und einem demotorisierten Triebwagen Billard A-210 D gebildet. Bei letzterem war der Motor nach einem Defekt ausgebaut worden. Das gleiche Schicksal teilte ein zweites Fahrzeug.

Ende der 1960er, Anfang der 1970er Jahre wurde aus einigen Triebwagen verschiedener Baureihen der Motor ausgebaut, um diese als Beiwagen oder sogar als Steuerwagen neuerer Triebfahrzeuge einzusetzen.

Ab 1965 wurden die Billard-Triebwagen durch die Firma Carde (Bordeaux) neu aufgebaut und teilweise zu Steuerwagen umgestaltet.

Um den veralteten Fahrzeugpark abzulösen, wurden 1975/76 fünf Triebfahrzeuge des Typs CFD 330 CH (X-1201, X-1202, X-1205 sowie X-2003 und X-2004) sowie 1981 und 1982 je ein CFD 480 CH (X-5001 und X-5002) für Schnellzugleistungen auf der Hauptstrecke neu beschafft. Es waren die ersten neuen Triebwagen seit dem Renault ABH-8 im korsischen Netz. Die 16,06 Meter langen und 18,6 Tonnen schweren Fahrzeuge erreichten dank des 330 PS leistenden Dieselmotors eine Höchstgeschwindigkeit von 85 km/h. Sie boten 48 Fahrgästen Platz. Unterschied zwischen den Baureihen X-1200 und X-2000 war nur die Innenaufteilung: Während die Baureihe X-1200 auch 20 Plätze der ersten Klasse anbot, war die Baureihe X-2000 vollständig mit einer Einheitsklasse bestückt. Die Fahrzeuge der Baureihe X-1200 /X-2000 konnten auf der Hauptstrecke aufgrund der geringen Motorleistung und der schlechten Kraftübertragung keine Beiwagen ziehen, dies war erst durch die Nachfolgegeneration X-5000 möglich. Später wurden auch die X-1200 auf die Einheitsklasse X-2000 umgebaut und entsprechend umnummeriert (X-2001, X-2002 und X-2005).

Mit der Einheitsklasse im Innenraum waren auch die beiden X-5000 ausgestattet. Größter Unterschied waren nun die mit je 240 PS leistenden MAN-Dieselmotoren ausgerüsteten Triebwagen, die erhöhte Zugkraft, die Gesamtmasse von 27 Tonnen und die von 85 auf 87 km/h gestiegene Höchstgeschwindigkeit.

Die Triebwagen der Baureihen X 1200/2000 und X-5000 wurden mit der Indienststellung der Baureihe AMG-800 ausgemustert. Das Fahrzeug X-2001 war 2015 in Bastia abgestellt; X-2003 wurde an die Chemins de Fer Provence weiterverkauft. Im Januar 2016 wurden die Triebwagen X-2001, X-5001 und X-5002 schließlich an die Eisenbahngesellschaft Train de l'Ardeche verkauft, X-2002 und X-2005 folgten im Juni 2016. Der Beiwagen Billard 242 wurde im Januar 2016 an das Eisenbahnmuseum MTVS verkauft. Dies hat im Juni 2016 auch den Treibwagen X-201 (Renault ABH-8) erworben.

Unter der Ägide der Staatsbahn SNCF wurden ab 1989 weitere neue Triebwagen gekauft. Die sieben Triebwagen „Soulé/CFD 480 CH" und sechs Steuerwagen wurden vom 1862 gegründeten Familienunternehmen Soulé (Bagnères-de-Bigorre bei Lourdes/Pyrenäen, heute CFD Bagneres) zwischen 1989 und 1997 geliefert (Nummern X-97051 bis X-97057). Die Triebwagen erinnern optisch an die normalspurigen SNCF-Baureihen X-2100 bzw. X-2200. Die Fahrzeuge der Baureihe X-97050 haben eine Länge von 18,28 Metern, eine Motorleistung von 483 PS bzw. von 560 PS bei den beiden 1997 gelieferten Einheiten. Die Höchstgeschwindigkeit beträgt 90 km/h. Insgesamt werden 48 Sitzplätze angeboten. Das Gesamtgewicht der Triebwagen beträgt 31,5 Tonnen, der Steuerwagen (Nummer XR-9701 bis XR-9706) 21 Tonnen. Die Soulé-Triebwagen können einzeln, in Kombination mit einem Steuerwagen als vier- oder sogar als sechsteilige Züge eingesetzt werden. Die meisten der Soulé-Triebwagen sind noch im Einsatz auf der „Tramway de Balagne". Es ist geplant, bei den Fahrzeugen eine Generalsanierung des Innenraums vorzunehmen; eine entsprechende Ausschreibung war bei Redaktionsschluss veröffentlicht.

Die aktuelle Generation der Triebfahrzeuge der CFC bilden die Doppeltriebwagen der Baureihe AMG-800. CFD Bagnères (seit 2008 Teil der CAF-Gruppe, seit 2014 CAF France) lieferte im Juni 2007 den Prototypen zur Erprobung auf der Insel. Insgesamt verfügen die CFC bis heute über zwölf Kombinationen (AMG-801 bis AMG-824); bis zu drei Doppeleinheiten können bei Bedarf gekuppelt werden. Die Abkürzung AMG-800 steht für „Autorail Métrique Grande Comfort 880 PS" (Schmalspur-Triebwagen, großer Komfort, 800 PS Motorleistung). Die 40 Meter langen Doppeltriebwagen verfügen laut Hersteller über eine diesel-elektrische Traktion, erreichen bei einem Eigengewicht von rund 70 Tonnen eine Höchstgeschwindigkeit von 100 km/h und bieten 104 Fahrgästen Platz. Vollklimatisierung, große Fenster und verglaste Führerstandsfronten bieten nicht nur Komfort, sondern auch spektakuläre Ausblicke auf die Strecke und auf die Insel der Schönheit („Ile de beauté", der Werbeslogan von Korsika).

Im Jahr 2010 war an den Bremsen ein starker Verschleiß festgestellt worden, sodass alle neuen AMG-800 durch den Hersteller nachgebessert werden mussten. Da die CFC in Erwartung der neuen AMG-800 die alten Triebwagen nicht mehr gewartet hatte, standen 2011 zu wenige Fahrzeuge für den Linienverkehr zur Verfügung; Züge fielen ersatzlos aus, teilweise gab es einen Schienenersatzverkehr. Seit November 2011 standen nach Nachbesserungen an den Bremsen und an den Drehgestellen wieder vier Einheiten zur Verfügung, im Jahr 2012 bereits acht Züge. Heute verkehren die AMG-800 reibungslos.

Im Bahnhof Calvi stehen zwei Garnituren Soulé-Triebwagen bereit

Der Zugverkehr

Der Zugverkehr findet das ganze Jahr über statt, auch wenn es zu einer nennenswerten Auslastung eigentlich nur in der Hochsaison von Juni bis September kommt. Da die CFC jedoch keine Touristenbahn ist, werden die Strecken auch im Winter vom Schnee geräumt, um einen ausgedünnten Fahrplan anbieten zu können.

So gibt es zwischen Bastia und Ajaccio je Richtung zwischen drei und sechs Züge (je nach Wochentag). Dazu kommen noch zwei bzw. drei Zugpaare zwischen Bastia und Calvi sowie zwischen Ajaccio und Ponte-Leccia (mit Umstieg nach Calvi). Die „Tramway de Balagne" pendelt je nach Wochentag bis zu fünfmal zwischen Ile Rousse und Calvi. Die Fahrt auf der Hauptstrecke dauert durch die Bedienung von rund 30 Bahnhöfen und Haltepunkten auf der 158 Kilometer langen Strecke etwa 3:45 Stunden. Für die rund 74 Kilometer der Zweigstrecke von Ponte Leccia bis Calvi benötigen die Triebwagen etwa 1:55 Stunden. Die reine Fahrzeit auf der „Tramway de Balagne" zwischen Ile Rousse und Calvi beträgt 40 Minuten.

Im Vorortverkehr zwischen Bastia und Casamozza gibt es bis zu 23 Zugpaare, im Vorortverkehr zwischen Ajaccio und Mezzana bis zu elf Zugpaare.

Güterverkehr findet auf den Strecken heute kaum statt; in der Regel handelt es sich nur um betriebsinterne Transporte oder die Versorgung der Streckenbaustellen. Dies war bis etwa 2006 anders: Davor wurde ein Großteils des Gütertransports auf der Insel über die Schiene abgewickelt. Die Häfen Bastia und Ajaccio hatten sogar Bahnanschluss. Der Güterverkehr ging trotzdem mit den Jahren zurück; das „Aus" verursachte der Ausfall aller drei Streckendieselloks im Jahr 2006, die den Güterverkehr leisteten.

Bauzüge

Seit 2004 werden der Fuhrpark und vor allem das Streckennetz der CFC umfangreich saniert. Dazu haben die beteiligten Firmen vor allem Material der Gleisbauunternehmen Constructions Ferroviaires Giragr (CFG; Saint Girons d'Aiguevives/Frankreich) und Servizi Ferroviari Europei (S.F.E., Neapel/Italien) genutzt. Darunter kamen zwölf rumänische Dieselloks des Typs Faur L-45H der CFG ebenso zum Einsatz wie eine KöF und die Gmeinder-Lok 5232, die 1960 ursprünglich an die Chemischen Werke Hüls in Marl geliefert wurde und heute der Firma S.F.E. gehört. CFG setzte zu den Bauarbeiten u.a. zwölf rumänische Flachwagen Rgkmm, zwei Schienentransportwagen, zwei ehemalige Personenwagen der Wiener Lokalbahn als Werkstatt- und Aufenthaltwaggons und zwölf Schotterwagen ein. Während Loks und Waggons der CFG die Insel mittlerweile wieder verlassen haben, stand auch 2016 noch rollendes Material von S.F.E. zum Unterhalt des Netzes bereit.

Ein Blick in die Zukunft

Mit der Investition in die generalsanierten Strecken sowie in die neuen Triebwagen sollen die Kilometer-

Soulé-Triebwagen X-97055 mit angehängtem Steuerwagen auf der „Tramway de Balagne“ auf dem Weg von Ile Rousse nach Calvi

leistungen der CFC weiter gesteigert werden, sodass die Eisenbahn auf Korsika auch für die Korsen ein attraktives Verkehrsmittel und eine echte Alternative zu Pkw und Motorrad wird. Dazu war auch eine Fahrzeitverkürzung zwischen Bastia und Ajaccio auf 2:45 Stunden geplant, welche bis heute aber nicht erreicht werden konnte.

Es gibt Überlegungen einen knapp 20 Kilometer langen Teil der Ostküstenstrecke, nämlich bis Padulella-Moriani, wieder zu reaktivieren und in den Vorortverkehr um Bastia zu integrieren. Eine darüber hinausgehende Verlängerung nach Süden wäre für viele Touristen zwar schön, ist jedoch unwahrscheinlich.

Erhalt der historischen Fahrzeuge

Die zahlreichen erhaltenen alten Triebwagen und auch Waggons drängen die Frage nach einem Erhalt dieses Materials und der Einrichtung eines Eisenbahnmuseums geradezu auf – was sicherlich auch für die Touristen eine zusätzliche Attraktion wäre. Im Jahr 2012 gründete sich dazu der Verein „Cercle Ferroviaire Corse“. Er möchte nach eigenen Angaben bei Corte ein Museum errichten. Im Dezember 2014 sagte das Regionalparlament der Insel dem Verein dabei die Unterstützung zu.

Auch wenn gerade Anfang 2016 zahlreiches Altmaterial von den CFC veräußert wurde, konnte der Verein zwei Triebwagen der Baureihe Renault ABH-8 erhalten: Der ab 2010 nicht mehr genutzte X-206 stand bereits seit 2014 zusammen mit dem Steuerwagen XR-113 auf dem Abstellgleis am Haltepunkt Lumio (Camp Raffalli) in der Nähe von Calvi und war dem Vandalismus preisgegeben. Dort hat der Verein nun einen, einer sogenannten Nissenhütte ähnlichen zweigleisigen Hangar errichtet, in welcher nicht nur die Zug-Kombination X-206/XR-113, sondern seit April 2016 auch der von Bastia durch die Lok BB-408 nach Lumio geschleppte Triebwagen X-204 sicher untergestellt werden konnte. Seit Juni 2016 ist auch der Triebwagen X-2004 dem Museumsdepot Lumio zugeordnet. Er war bei Redaktionsschluss zunächst in die Zentralwerkstatt Casamozza gebracht worden und soll später nach Camp Raffalli überführt werden. Auch zwei in Vivario abgestellte gedeckte Güterwaggons sind „préservé musée“.

Nach Vereinsangaben sollen sieben Fahrzeuge als repräsentativer Querschnitt der CFC auf Korsika museal erhalten bleiben, darunter auch die Lok 114 und der Billard-Triebwagen 513 (A-80 D). Man darf auf die weitere Entwicklung gespannt sein.

Trotz der modernen Triebwagen gilt die Fahrt mit der CFC bei vielen Touristen nach wie vor als Abenteuer. Dazu tragen nicht nur die aus den 1990er-Jahren stammenden Soulé-Triebwagen auf der „Tramway de Balagne“ bei, sondern vor allem auch die historische Streckenführung mit atemberaubend schönen Ausblicken, engen Kurven und tiefen Schluchten. Die „Chemins de fer de la Corse“ ist ein modernes Eisenbahnverkehrsunternehmen, das sich den besonderen Charme bewahrt hat. Und eine Mitfahrt im Korsika-Urlaub ist Pflicht – nicht nur für Eisenbahnbegeisterte ...

Literatur/Quellen:

[1] Internetseite www.cf-corse.fr
[2] Internetseite www.train-corse.com
[3] Bejui, P.: Les Chemins de Fer Corse, La Régordane, 2007
[4] La Vie Du Rail : Nr. 258 (Januar 1956), 650 (Juni 1958), 1146 (Mai 1968), 1788 (April 1981), 3250 (März 2010)
[5] Eisenbahn Modellbahn Magazin 9/1993
[6] Zeitschrift RMF, Nr. 602 (September 2015)

Christoph Riedel

Triebwagen Integrale

Mit den Integralen der BOB ins Bayerische Oberland

Die Bayerische Oberland-Bahn (BOB) ist ein Eisenbahnunternehmen, das von der Deutschen Eisenbahn-Gesellschaft und der Bayerischen Zugspitzbahn im Jahr 1998 als gemeinsames Tochterunternehmen gegründet wurde und heute im Besitz der „Transdev“ ist, des mit mehr als 5000 Mitarbeitern und 45 Tochtergesellschaften größten privaten Nahverkehrsanbieters in Deutschland. Hintergrund der Gründung war die Absicht des bayerischen Verkehrsministeriums, gemeinsam mit der Bayerischen Eisenbahngesellschaft (BEG), die im Auftrag des Ministeriums für die Bestellung von Nahverkehrsleistungen zuständig ist, ein neues Nahverkehrskonzept für das bayerische Oberland zu entwickeln. Betroffen waren die in Holzkirchen von der früheren Bayerischen Maximiliansbahn München – Kufstein/Salzburg abzweigenden eingleisigen Bahnstrecken nach Lenggries, Tegernsee und Schliersee. Mit einem von der „Integral Verkehrstechnik AG“ (IVT) – einer Tochterfirma der Jenbacher Energiesysteme AG in Österreich – entwickelten Fahrzeug, auf das noch genauer eingegangen wird, sollte ein Flügelzugsystem die bayerische Hauptstadt schnell und komfortabel mit den Endpunkten der genannten Strecken verbinden. Dieses Konzept hat sich in den vergangenen Jahren als überaus erfolgreich erwiesen. Von München bis Holzkirchen verkehren in der Regel drei Triebwageneinheiten gemeinsam auf der bis dort elektrifizierten Strecke. In Holzkirchen wird der Zugverband getrennt. Eine Einheit wechselt auf die Stichbahn nach Bayrischzell über, die beiden anderen Einheiten fahren gemeinsam weiter bis Schaftlach, wo eine erneute Trennung der beiden verbliebenen Fahrzeuge erfolgt. Getrennt geht es dann weiter nach Lenggries und Tegernsee. Auf dem Rückweg nach München werden zunächst in Schaftlach wieder zwei Einheiten gekoppelt, die dritte schließt sich in Holzkirchen an und gemeinsam geht es dann zurück nach München Hauptbahnhof.

Tegernsee ist Endpunkt der Strecke Schaftlach-Tegernsee. Am 3.April 2015 wartet dort VT 110 „Holzkirchen“ auf die Rückfahrt nach München

Bei Oberlaindern gibt es noch einen besetzten Schrankenposten, der so gar nicht zu dem modernen VT 107 passen will. Der Triebwagen hat am 4.4.2015 vor Kurzem Holzkirchen auf der Fahrt nach Bayrischzell verlassen

Am 4.4.2015 steht eine dreiteilige Integral-Einheit am Bahnsteig in Holzkirchen. Der führende VT 107 wird später nach Bayrischzell rollen

Geräumig und modern ist der Innenraum der Triebwagen. Der Blick geht vom Motorwagen aus in Richtung Zwischenwagen

Auch die noch überall vorhandenen Telegrafenleitungen bilden einen reizvollen Kontrast zu den modernen Triebwagen-einheiten (Weyarn, 4.4.2015)

Vorteil dieses Konzeptes ist die Vermeidung von Trassennutzungsgebühren auf dem Streckenabschnitt Holzkirchen-München. Der normale Umlauf wird so organisiert, dass ein bestimmtes Fahrzeug von München aus zunächst in Richtung Bayrischzell fährt, um nach der Rückkehr in die bayerische Landeshauptstadt auf der nächsten Fahrt den Endpunkt Tegernsee anzusteuern. Die dritte Fahrt hat dann Lenggries zum Ziel. Die beiden anderen Fahrzeuge beginnen ihre Fahrten in Richtung Lenggries bzw. Tegernsee, um danach die beiden verbliebenen Endpunkte anzufahren. Trotz einiger Anlaufschwierigkeiten – wegen Softwareproblemen funktionierten die Fahrzeuge zunächst nicht wie gewünscht und mussten zwischen 2000 und 2001 überarbeitet werden – entwickelten sich die Fahrgastzahlen der Bayerischen Oberlandbahn erfreulich. Während im ersten Betriebsjahr 4500 Fahrgäste täglich gezählt wurden, wuchs diese Zahl innerhalb von nicht einmal einem Jahrzehnt auf über 13 000 pro Tag an. Die Bayerische Oberlandbahn, die inzwischen unter dem Namen „Meridian" mit elektrischen Triebwagen des Typs „Talent 2" auch die Strecken München-Holzkirchen-Rosenheim – auf dieser Strecke ereignete sich das Zugunglück von Bad Aibling im Februar 2016 – und München-Rosenheim-Kufstein/Salzburg bedient, wird dieses Konzept nach erneut gewonnener Ausschreibung zumindest bis ins Jahr 2024 weiter betreiben können. Auf den Strecken ins bayerische Oberland setzt die Gesellschaft neben den „Integralen" in Zeiten großer Nachfrage auch noch neuen Dieseltriebwagen des Typs „Talent" als Verstärkerzüge ein.

Das hauptsächlich eingesetzte Fahrzeug „Integral S5D95" gehört zu einem ursprünglich geplanten Baukastensystem, mit dem verschiedene sowohl elektrische als auch mit Dieselmotoren angetriebene Triebwagen entstehen sollten. Die bereits erwähnte Jenbacher AG aus Jenbach in Tirol plante mit ihrer „Integral Verkehrstechnik AG" Mitte der 1990er Jahre die Entwicklung von neuen Fahrzeugen für den Regional- und S-Bahn-Verkehr. Es sollten einstöckige und doppelstöckige Fahrzeuge sowohl als Triebwagen als

Der Kreuzungsbahnhof Miesbach an der Strecke nach Bayrischzell wird noch mit konventioneller Technik gesichert. Am 5.4.2015 passiert VT 109 das südliche Einfahrvorsignal des Bahnhofs

Kurz vor Schaftlach zeigt die lokale Architektur deutlich, in welcher Gegend Deutschlands die Integrale verkehren (VT 116, 7.4.2015)

Ausfahrt des VT 117 aus der kleinen Bahnstation Reichersbeuern an der Lenggrieser Strecke (7.4.2015)

In Schliersee müssen die Züge wenden, um in einem weiten Bogen um den See herum nach Bayrischzell weiterfahren zu können. VT 116 hat das Wendemanöver bereits hinter sich und nimmt Fahrt in Richtung Bayrischzell auf. (Schliersee 6.4.2015)

auch als Laufwagen oder als bloße Fahrgastzelle entstehen. Zwei- bis fünfteilige Einheiten mit Verbrennungsmotor, aber auch mit elektrischem Antrieb wären möglich gewesen. Gebaut wurde 1998 letztendlich mangels Interesse vor allem auch im österreichischen Mutterland der Gesellschaft nur eine Serie fünfteiliger Züge mit je zwei normalflurigen Triebköpfen und einem normalflurigen Laufwagen in der Mitte, die heute als „Integrale" bezeichnet werden, obwohl dieser Begriff ursprünglich für eine ganze Familie von Schienenfahrzeugen Verwendung finden sollte. Zwischen Laufwagen und Triebköpfen befindet sich noch je eine achslose niederflurige Fahrgastzelle, die auf jeder Seite zwei Türen aufweist. Angetrieben wird das Fahrzeug durch insgesamt drei Dieselmotoren, von denen sich zwei in dem einen und ein Motor im anderen Triebkopf befindet. Jeder Motor treibt eine Achse des Fahrzeugs an, sodass sich eine Achsfolge von A`A´1`1`1`A` ergibt. Die Leistung eines jeden Dieselmotors beträgt 315 KW, die Gesamtleistung je Triebwagen somit 945 KW. Die knapp 53 Meter langen Fahrzeuge erreichen bei einem Gewicht von 82 t eine Höchstgeschwindigkeit von 140 km/h und sind so in der Lage, auf der elektrifizierten Strecke zwischen München Hbf und Holzkirchen problemlos mit den schnellen ebenfalls dort verkehrenden elektrischen S-Bahn-Zügen mitzuhalten. Die hohe Anfahrbeschleunigung ermöglicht darüber hinaus kurze Fahrzeiten. Eine Besonderheit des Integral ist die Ausstattung mit aktiven Einzelachsfahrwerken, die sich je nach Kurvenradius hydraulisch verstellen und so den Verschleiß an Rad und Schienen verringern helfen. Um die Bindung der BOB und ihrer Züge an die oberbayerische Landschaft und ihre Bevölkerung zu vertiefen, hat man allen 17 Triebzügen Namen aus der Region gegeben:

- VT 101 (München)
- VT 102 (Agatharied/ Ort an der Strecke Holzkirchen-Bayrischzell)
- VT 103 (Valley Darching/Nähe Holzkirchen)
- VT 104 (Bayrischzell/ Endpunkt der Strecke Holzkirchen-Bayrischzell)
- VT 105 (Reichersbeuern/ Ort an der Strecke Schaftlach-Lenggries)
- VT 106 (Hausham/ Ort an der Strecke Holzkirchen-Bayrischzell)
- VT 107 (Bad Tölz/ Ort an der Strecke Schaftlach-Lenggries)
- VT 108 (Gaißach/ Ort an der Strecke Schaftlach-Lenggries)
- VT 109 (Gmund am Tegernsee/ Ort an der Strecke Schaftlach-Tegernsee)
- VT 110 (Holzkirchen/ gemeinsamer Ausgangspunkt aller drei Stichbahnen)
- VT 111 (Tegernsee/ Endpunkt der Strecke Schaftlach-Tegernsee)
- VT 112 (Miesbach/ Ort an der Strecke Holzkirchen-Bayrischzell)
- VT 113 (Lenggries/ Endpunkt der Strecke Schaftlach-Lenggries)
- VT 114 (Fischbachau/ Ort an der Strecke Holzkirchen-Bayrischzell)
- VT 115 (Schaftlach/ Trennungsbahnhof für die Züge nach Tegernsee und Lenggries)
- VT 116 (Schliersee/ Ort an der Strecke Holzkirchen-Bayrischzell)
- VT 117 (Warngau/ Ort an der Strecke Holzkirchen-Schaftlach/Tegernsee)

Leider wird es keine Zukunft für weitere Fahrzeuge dieser interessanten Baureihe geben. Nachdem die IVT 2001 den Schienenfahrzeugbau aufgegeben hatte, sollten weitere Integrale im AdTranz-Werk in Nürnberg entstehen. Daraus wurde nichts, weil AdTranz von der Firma Bombardier übernommen wurde und dieses Unternehmen sich mit dem „Integral“ keine hauseigene Konkurrenz schaffen wollte. So werden die 17 Integrale der BOB wohl weiterhin nur im bayerischen Oberland zu sehen sein, wenn sie nicht nach Ablauf ihrer veranschlagten Lebensdauer einen weiteren Eigentümer finden, wie das bei zahlreichen außer Dienst gestellten Schienenfahrzeugen schon geschehen ist.

Bei Hammer an der Strecke nach Bayrischzell sind am Morgen des 8.4.2015 die Bayerischen Alpen noch schneebedeckt, bei herrlichem Frühlingswetter lohnte sich für den Rad fahrenden Fotografen eine kurze Pause, um VT 116 auf der Fahrt in Richtung München für die Nachwelt festzuhalten

Ebenfalls bei Hammer entstand am Nachmittag desselben Tages dieses Foto von der Vorbeifahrt des VT 116

Nach Verlassen des Bahnhofs Schliersee rollen die Züge am westlichen Ufer des gleichnamigen Sees vorbei, um den See in Fischhausen wieder zu verlassen (VT 107, 8.4.2015)

Auf der Strecke nach Bayrischzell ist am 7.4.2015 eine zweiteilige Triebwageneinheit bei Agatharied unterwegs

Etwas weiter in Richtung Miesbach passiert VT 105 am 7.4.2015 die Kirche von Agatharied

Bei Geitau wird der Radweg parallel zur Strecke nach Bayrischzell geführt und ermöglichte dem Fotografen am 10.4.2015 diese Aufnahme des VT 112

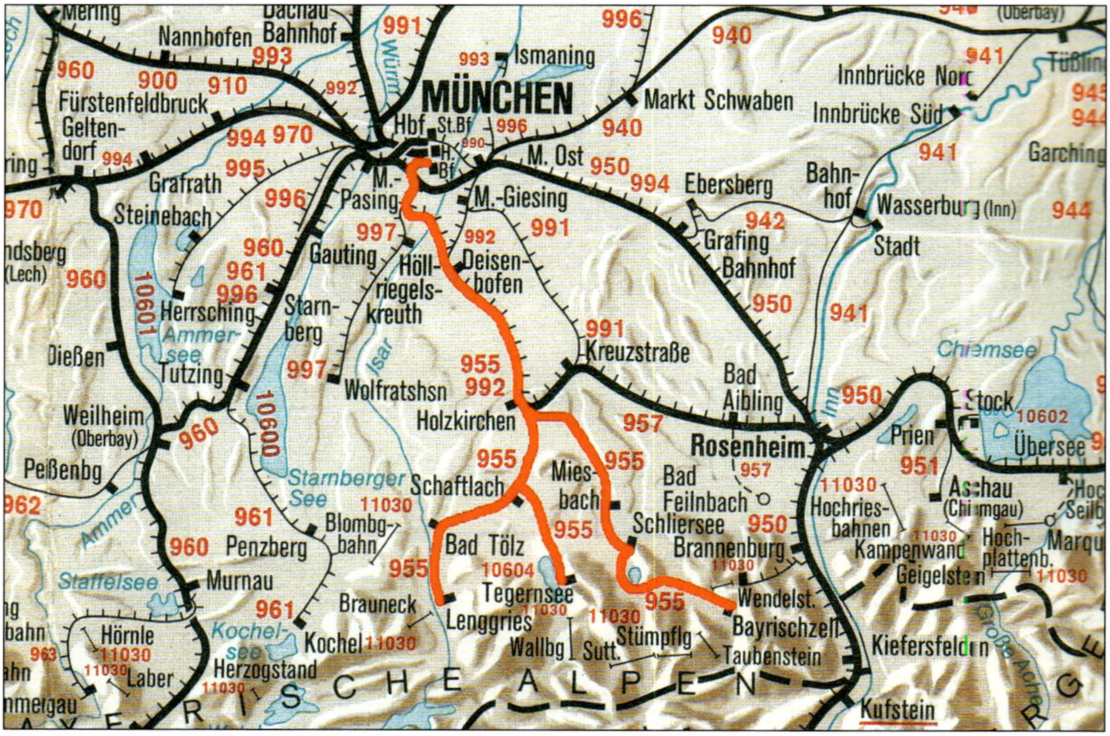

Die Strecke von München bis Holzkirchen wird sowohl von der BOB als auch von der DB befahren, während die anschließenden drei Stichstrecken den Integralen der BOB vorbehalten sind

Rolf Hahmann

Interzonenzüge

Interzonenzüge, dieser Begriff für Züge durch das von der Sowjetarmee besetzte Gebiet Deutschlands, der späteren DDR, hielt sich im Sprachgebrauch der Bundesbürger und Westberliner bis zur Wiedervereinigung Deutschlands. Es blieb bis zu dem Zeitpunkt "Die Zone". Offiziell wurden Züge, die Berlin als Ziel oder Ausgangsort hatten und die nicht auf Bahnhöfen des sowjetisch besetzten Gebiets hielten, als Transitzüge bezeichnet. Ausgenommen waren die Grenzbahnhöfe, die als Kontrollstellen fungierten.

Die in vier Sektoren der Siegermächte geteilte Stadt Berlin sollte als Ganzes erhalten bleiben. Das gut ausgebaute S-Bahn-Netz Berlin blieb als Einheit unter der Verwaltung eines Betriebes, der Deutschen Reichsbahn – Ost, Sitz Ostberlin, auch in den Westzonen erhalten. Durch das sowjetisch besetzte Gebiet hatten die Westalliierten ausschließlich freien Zugang für Militär- und Versorgungszüge für ihre Truppen in Westberlin. Vereinbart war dafür nur die Trasse Helmstedt – Berlin. Im August 1945 fuhr der erste Versorgungszug Ruhr – Berlin. Reisezüge für das Militär folgten. Am 18./19. November 1945 war der erste für die Franzosen unterwegs, im Dezember folgten die Amerikaner und die Briten. Die alliierten Züge verkehrten zunächst nicht täglich und vorwiegend nachts. Ab 1. Dezember 1947 gab es für die US-Armee eine tägliche Zugverbindung Frankfurt/Main – Berlin-Lichterfelde West. Für den Zivilverkehr wurden zunächst keine Züge angeboten.

D161 mit DR-Lok 03 153 im Oktober 1962 bei der Ausfahrt Lübeck Hbf.

Ab Oktober 1946 wurde das Verbot für die Geschäftsreisenden gelockert, die für den aufkommenden Interzonenhandel notwendig waren. Ab dem Zeitpunkt durfte dieser ausgewählte Personenkreis mit Interzonenpass in das sowjetische Besatzungsgebiet einreisen oder es durchreisen. In dem Zusammenhang mag der erste Reisezug FD111/112 von bzw. nach Berlin über Helmstedt von/nach Osnabrück im Oktober 1946 zu sehen gewesen sein.

Durch die Berlinblockade der Sowjetmacht, von Juni 1948 bis Mai 1949, kam allerdings jeglicher Zugverkehr zum Erliegen. Nach Beendigung der Blockade fuhr im Mai 1949 der erste Reisezug nach Berlin. Die Zugnummer D111 blieb, jetzt war aber Ausgangsbahnhof der Kölner Hauptbahnhof. Diese Zugnummer hatte noch bis in die 1970er Jahre Bestand.

Die Eisenbahndirektionen auf dem Gebiet der neu entstandenen Deutschen Bundesrepublik wurden am 7. September 1949 zur Deutschen Bundesbahn zusammengefasst und fortan als Bundesbahndirektionen bezeichnet. Die in Berlin für das sowjetisch besetzte Gebiet und Westberlin zuständige Bahnverwaltung behielt die Bezeichnung "Deutsche Reichsbahn". Die Deutsche Reichsbahn bekam die Lokbespannung aller grenzüberschreitenden Züge zugeteilt. Davon abgewichen wurde später aus betrieblichen Gründen beim Übergang Wolfsburg – Oebisfelde, weil in Oebisfelde ein Bw vorhanden war und somit Dampflokomotiven gedreht werden konnten. Am Übergang Probstzella – Ludwigsstadt, auf der Frankenwaldbahn, gab es so lange keinen Zugverkehr, bis 1950 die 1,4 km von der Zonengrenze bis zum DR-Bahnhof Probstzella wiederhergestellt waren. Wegen der starken Steigung auf der Strecke musste hier, wie früher, elektrisch gefahren werden.

Die Sowjets hatten bis weit nach Norden die Oberleitungen demontiert. Ab Herbst 1949 verkehrten regelmäßig sechs Zugpaare über die Schienengrenzübergänge. 1954 kamen weitere sechs Zugpaare im Berlin-Verkehr dazu.Grenzkontrollen oblagen der sowjetischen Besatzungsmacht, bis diese Aufgaben für den Zivilverkehr ab 1. Dezember 1955 der DDR-Grenzpolizei übertragen wurden. Die für den DDR-Handel bedeutende Messestadt Leipzig musste problemlos erreichbar sein. Über Berlin war das zwar möglich. Aber sollte man diesen zeitraubenden Umweg den stets eiligen und stark beschäftigten Messereisenden aus dem westlichen Ausland zumuten? Wohl eher nicht.

In den 1950er Jahren wurden also Zugverbindungen mit Ziel Leipzig geschaffen. Die Züge wurden vorwiegend von Bundesbürgern für Verwandtenbesuche mit Aufenthaltsgenehmigung genutzt, aber auch von DDR-Bürgern, soweit diese eine Genehmigung für Westbesuche erhielten. Leipzig als Abgangs- oder Zielbahnhof hatten die D-Zug-Paare 117/118, 135/136, 137/138, 197/198, 199/200, 1017/1018, 1035/1036, 1099/1100. An den Grenzbahnhöfen Marienborn und Gerstungen konnten durch Umsteigen teilweise die Berliner Züge genutzt werden. Eisenbahnfotografen konnten an den bundesdeutschen Grenzbahnhöfen Lokomotiven der DR im Bild festhalten, was lange Zeit in der DDR verboten gewesen war. Die Wagenstellung der Interzonenzüge teilten sich beide Bahnverwaltungen.

Am 13. August 1961 wurde die Berliner Mauer gebaut und die Grenzanlagen im gesamten DDR-Bereich wurden in den Folgejahren stetig weiter verstärkt. Auf den Reisezugverkehr hat sich das allerdings nicht wesentlich ausgewirkt. Bei starkem Reiseverkehr, besonders an Feiertagen, wurden Entlastungszüge eingesetzt. Sie wurden als sogenannte Vorzüge bezeichnet, wie z. B. DVz200, und fuhren so etwa zehn Minuten vor dem planmäßigen Zug, jedoch nicht immer über die gesamte Strecke. Hierbei war oft eine von der Regel abweichende Lokgestellung notwendig.

Anfang der 1970er Jahre verbesserte sich auf der politischen Ebene das Verhältnis beider deutscher Staaten zueinander erheblich. Das wirkte sich auch auf den grenzüberschreitenden Schienenverkehr aus. 1972 wurde ein Verkehrsvertrag beider deutscher Staaten geschlossen, der mit einem Eisenbahngrenzübereinkommen mehr Bahnverkehr ermöglichte. Ersichtlich ist das durch nun andere Zugnummern und teilweise veränderte Ziele und Laufwege von Zügen. Beispielhaft sei der D243 genannt, der im Zeitfenster des ehemaligen D111 Düsseldorf eine Stunde später verließ und Berlin etwa zur gleichen Zeit erreichte. Er hatte ebenfalls Wagen aus Paris dabei und Warschau als Ziel. Bis nach der Wiedervereinigung und der Integration der Reichsbahn Ost in die Deutsche Bundesbahn hat sich im Reisezugverkehr kaum etwas geändert. Sichtbar waren Fahrzeitgewinne durch Wegfall der Grenzkontrollen und die fortschreitende Elektrifizierung.

Nachfolgende Farbfotos sollen an eine Zuggattung erinnern, die glücklicherweise aufgrund der politischen Gegebenheiten ausgestorben ist.

D146 mit DR-Lok 22 010 am 3. September 1964 bei Feilitzsch zwischen Gutenfürst und Hof

D152 mit E18 049 am 2. September 1964 bei Pressig (Frankenwaldbahn)

Interzonenzüge aus dem Kursbuch von 1964, die teilweise auf nachfolgenden Bildern festgehalten sind

D105: Herbesthal (20:40 h) – Aachen (21:06 h) – Köln – Düsseldorf – Essen – Dortmund – Hamm – Hannover – Braun schweig –Helmstedt – Berlin–Friedrichstraße (08:21 h) – Frankfurt/Oder – Posen – Warschau (19:01 h) – Brest – Minsk (02:30) h Moskwa (16:21 h), Kurswagen Paris Nord – Warschau, Kurswagen Oostende – Warschau, Kurswagen Hoek van Holland – Warschau ab Hannover, Wagen von Hoek van Holland und Oostende kommen in Hannover dazu, Liege-Schlafwagen von Köln nach Berlin, ab Hannover mit D1005, Schlafwagen Paris Nord – Moskwa, Schlafwagen Hoek van Holland – Moskwa, von Berlin sind es noch ca. 1800 km bis Moskwa, Dauer: ca. 32 Stunden

D109: Köln (09:26 h) – Neuss – Düsseldorf – Essen – Dortmund – Hamm – Hannover – Braunschweig – Helmstedt – Berlin-Fr.. (19:51), Kurswagen von Hoek van Holland in Hannover dazu, Kurswagen 2. Klasse von Hoek van Holland nach Warschau, Kurswagen von Bonn in Braunschweig dazu

D110: Berlin-Fr. (10:13 h) – Helmstedt – Braunschweig – Hannover – Hamm – Dortmund – Essen – Düsseldorf –Köln – Aachen – Liége – Paris Nord (06:40 h), Kurswagen Warschau – Paris Nord, Kurswagen Warschau – Hoek van Holland bis Hannover, Kurswagen Berlin – Hoek van Holland bis Hannover, Kurswagen Berlin – Bonn bis Braunschweig, Kurswagen von Bad Harzburg ab Hannover, Schlafwagen Dortmund – Paris Nord

D111: Düsseldorf (05:30 h) – Oberhausen – Essen-Altenessen – Dortmund – Hamm – Hannover – Braunschweig – Helmstedt – Berlin-Fr.(15:11 h), Schlafwagen von Paris Nord bis Hannover in Hamm dazu, Kurswagen von Köln – Wuppertal – Hagen aus D411 in Hamm dazu

D112: Berlin-Fr. (06:49 h) – Helmstedt – Hannover – Braunschweig – Hannover – Hamm – E-Altenessen – Oberhausen – Düsseldorf – Köln (17:12 h), Kurswagen Berlin – Kassel bis Helmstedt

D119: Aachen (19:43 h) – Mönchengladbach – Krefeld – Duisburg – Oberhausen – Essen-Altenessen – Dortmund – Hamm – Hannover – Hildesheim – Braunschweig – Helmstedt – Berlin-Fr.(07:37 h), Liegewagen Aachen – Berlin, Schlafwagen von Köln – Berlin, in Hamm dazu, Kurswagen von Köln – Wuppertal – Berlin aus D117 in Hamm dazu

D146: Dresden (06:47 h) – Karl-Marx-Stadt – Reichenbach/Vogtl. – Hof – Regensburg – München (17:40 h), Kurswagen Dresden – Nürnberg, bis Hof

D152: Berlin (07:17 h) – Probstzella (14:53 – 15:12 h) – Ludwigsstadt – Bamberg – Nürnberg – Augsburg – München (17:46 h), Kurswagen nach Stuttgart bis Nürnberg

D161: Hamburg Hbf (08:02 h)– Lübeck – Herrnburg – Bad Kleinen – Rostock – Stralsund (14.00 h)

D163: Hamburg-Altona (07:47 h) – Büchen – Berlin-Friedrichstr.(14:11 h)
Kurswagen Kiel – Berlin, in Büchen dazu

D166: Berlin-Friedrichstr.(06:26 h) – Büchen – Hamburg-Altona (11:52 h)

D197: Mönchengladbach – Krefeld – Duisburg – Essen – Dortmund – Hamm – Soest – Altenbeken – Kassel – Bebra – Erfurt – Leipzig, Kurswagen Bonn – Leipzig, in Soest dazu

D198: Leipzig – Erfurt – Bebra – Kassel – Altenbeken – Soest – Hamm – Dortmund – Essen – Duisburg – Krefeld – Mönchengladbach, Kurswagen Leipzig – Bonn, bis Soest

D199: Frankfurt/Main – Bebra – Erfurt – Leipzig

D200: Leipzig – Erfurt – Bebra – Frankfurt/Main

D411: Köln (05:38 h) – Wuppertal – Hagen – Hamm (07:02 h), Kurswagen Oostende – Hannover, Schlafwagen Paris Nord – Hannover, der D411 geht in Hamm komplett in den D111 über

D1010: Berlin-Fr. (11:15 h) – Helmstedt – Braunschweig – Hannover – Hamm – Dortmund – Essen-Altenessen – Oberhausen – Düsseldorf – Köln (22:12 h), Kurswagen Berlin – Bremen bis Hannover,

D1012: Magdeburg (11:50 h) – Helmstedt – Braunschweig – Hannover (14:59 h), Entlastungszug im Juli und August

D1036: Leipzig (07:46 h) – Halle(Saale) – Magdeburg – Oebisfelde – Wolfsburg – Hannover (12:16 h), Kurswagen Leipzig – Düsseldorf

Interzonenzüge aus Kursbüchern der 1970/80er Jahre, die teilweise auf nachfolgenden Bildern festgehalten sind

D243: Paris Nord (23:10 h) – Liége – Aachen – Köln – Düsseldorf – Duisburg – Essen – Dortmund – Hamm – Hannover – Braunschweig – Helmstedt – Marienborn – Berlin – Frankfurt/Oder – Kunowice – Rzepin – Poznan(Posen) – Warszawa(Warschau) (23:04 h)

D246: Warschau (21:10 h) – Posen – Frankfurt/Oder) – Berlin Hbf – Berlin–Fr. – Berlin Zool. Garten – Berlin–Wannsee – Marienborn – Helmstedt – Braunschweig – Hannover – Hamm – Dortmund – Hagen – Wuppertal – Köln (15:15 h), Schlafwagen von Leningrad ab Warschau bis Hannover, nicht täglich

D302: München (07:39 h) – Augsburg – Nürnberg – Ludwigsstadt – Probstzella – Berlin–Fr. (17:24 h), Kurswagen von Stuttgart ab Nürnberg

D439: Köln (10:09 h) – Düsseldorf – Essen – Gelsenkirchen – Recklinghausen – Münster – Bremen – Hamburg Hbf. – Lübeck – Herrnburg – Bad Kleinen – Rostock (18:24 h)

D445: Köln (06:38 h)– Neuss – Düsseldorf – Duisburg – Oberhausen – Essen-Altenessen – Gelsenkirchen – Dortmund – Hamm – Hannover – Braunsschweig – Helmstedt – Marienborn – Magdeburg-Burg – Genthin – Brandenburg – Potsdam – Berlin-Schönefeld – Lübbenau – Cottbus – Weißwasser – Görlitz (19:32 h)

D446: Leipzig (08:06 h) – Halle (Saale) – Dessau – Magdeburg – Oebisfelde – Wolfsburg – Hannover – Hamm – Hagen – Wuppertal – Köln (18:25 h)

D452: Leipzig (06:27 h) – Weißenfels – Naumburg – Erfurt – Eisenach – Gerstungen – Bebra – Kassel – Paderborn – Soest – Hamm – Dortmund – Essen – Duisburg – Mönchengladbach (16:13 h) Frankfurt/Oder – Leipzig wurde in den 1980er Jahren aufgelassen, Kurswagen nach Köln bis Soest

D1452: Karl-Marx-Stadt (07:30 h) – Glauchau – Gera – Erfurt – Gotha – Eisenach – Gerstungen – Bebra – Kassel – Soest – Hamm – Dortmund – Gelsenkirchen – Oberhausen – Düsseldorf (18:10 h)

D2637: Hamburg-Altona (15:43 h) – Hamburg Hbf. – Büchen – Ludwigslust – Wittenberge – Stendal – Magdeburg – Halle (Saale) – Leipzig – Riesa – Dresden–Neustadt – Dresden Hbf. (22:48 h), laut Kursbuch 1992

D302 mit DR-Lok 132 355-9 am 14. Juli 1978 bei der Durchfahrt Rudolstadt im Saaletal

D411 mit V200 081 und ML3000CC (Fa. Maffei, München) im April 1964 bei Schwerte. Der Flügelzug geht mit Lok und Wagen ab Hamm komplett in den D111 über

D105 mit DR-Lok 01 116 im Juni 1964 in Helmstedt. Längster Zuglauf mit einer Gesamtfahrzeit von ca. 43 Stunden

D112 mit DR-Lok 01 114 im Juni 1964 bei der Einfahrt in den Bahnhof Helmstedt

D1010 mit DR-Lok 01 005 im Juli 1967 im Bahnhof Helmstedt. Die 01 005 ist die derzeit älteste Einheitsschnellzuglokomotive

D1012 mit DR-Lok 41 143 im Juli 1967 im Bahnhof Helmstedt. Der während der Sommermonate verkehrende Entlastungszug hat nicht die sonst übliche Lokbespannung

D112 mit DR-Lok V180 061 im Juli 1967 im Bahnhof Helmstedt. Gegenüber 1964 haben sich trotz Dieselbespannung die Fahrzeiten nicht verkürzt

D199 mit DR-Lok 01 506 im Mai 1964 bei Hönebach Richtung Grenze und weiter zum Zielbahnhof Leipzig

D200 mit DR-Lok 22 043 am 15. Mai 1964 bei Hönebach Richtung Bebra

D1099 mit DR-Lok 01 119 am 15. Mai 1964 bei Hönebach Richtung Zonengrenze

D111 mit DR-Lok V180 075 im September 1965 bei der Ausfahrt Helmstedt Richtung Berlin

D198 mit DR-Lok 01 517 ist am 14. Mai 1964 im Bahnhof Bebra angekommen. Die Lok ist mit den bei russischen Dampfloks bekannten Boxpok-Radsätzen ausgerüstet

D197 mit DR-Lok 01 520 (Ölfeuerung) am 17. April 1965 bei der Ausfahrt Bebra Richtung Zonengrenze mit Ziel Leipzig Hbf.

D197 mit DR-Lok 01 534 (Ölfeuerung) bei der Ausfahrt Bebra Richtung Zonengrenze im März 1967

Versorgungszug der Alliierten mit DR-Lok 50 3577 bei der Ausfahrt Helmstedt Richtung Zonengrenze mit Ziel Westberlin am 18. Juni 1964

Versorgungszug der Alliierten mit DR-Lok 50 3632 nach einem Zwischenhalt bei der Ausfahrt Helmstedt Richtung Zonengrenze mit Ziel Westberlin am 18. Juni 1964

D109 mit Henschel-Versuchslok DE2000 im Bahnhof Hamm/Westf. im Juni 1963

D111 mit Henschel-Versuchslok V320 001 auf der viergleisigen Strecke zwischen Oelde und Rheda im Mai 1964

D109 mit 01 176 bei Durchfahrt Bahnhof Vorhelm im März 1965

D112 mit Henschel-Versuchslok DE2000 bei Durchfahrt Vorhelm im März 1965

D112 mit V300 001 am 20. September 1964 in Oelde

D1036 mit Lok 01 105 bei der Durchfahrt Meinersen im Juli 1967

D198 mit Lok 01 164 auf dem Eisenbahnviadukt Altenbeken im Mai 1966

DVz200 mit DR-Lok 22 054 bei Hönebach ist ein Entlastungszug zum Pfingstverkehr am 15. Mai 1964

DR-Lok 41 143 bringt einen Entlastungszug nach Helmstedt im Juli 1967

DVz112 mit Lok 01 190 bei Oelde ist ein Entlastungszug zum Osterverkehr im März 1966. DR-Doppelstockwagen erreichten das Bundesgebiet planmäßig nicht

D166 mit DR-Lok 03 098 bei der Ausfahrt Hamburg Hbf. im September 1963

D163 mit DR-Lok 01 510 als Vorspann und DR-Lok 03 177 bei der Ausfahrt Hamburg Hbf. 1967

D112 mit DR-Lok 01 114 in Berlin kurz vor der Einfahrt in den Lehrter S-Bahnhof im Mai 1965

D110 mit DR-Lok 01 518 in Berlin auf der Brücke über den Humboldthafen passiert die Grenzanlagen zwischen den beiden Teilen der Stadt im Mai 1965

D119 mit DR-Lok 01 523 auf der Brücke über den Humboldthafen kurz vor der Überquerung der Berliner Grenzanlagen im Mai 1965

D-Zug mit DR-Lok 132 485-4 bei der Ausfahrt des Westberliner Fernbahnhofs Zoologischer Garten am 15. Juli 1983

D446 mit Lok 110 505-5 bei der Einfahrt Hagen Hbf am 1.April 1989

D246 mit DR-Lok 132 144-7 bei der Einfahrt Helmstedt am 10.Juni 1989

D445 mit DR-Lok 132 448-2 nach dem Lokwechsel von einer DB-110 im Bahnhof Helmstedt am 10.Juni 1989

D243 mit DR-Lok 132 500-0 bei der Ausfahrt Helmstedt Richtung Osten am 10.Juni 1989

D452 mit DR-Lok
132 135-5 bei Hönebach
im Mai 1989

D452 mit DB-Lok
112 486-6 bei Nordbögge
am 15. September 1982

D1452 mit DB-Lok
112 492-4 bei Nordbögge
am 15. September 1982

D446 mit DB-Lok 112 492-4 bei Holzwickede am 29. Februar 1984

D446 mit DB-Lok 110 510-5 bei der Ausfahrt Hagen Hbf. am 11. September 1985

D439 mit DB-Lok 103 222-6 & 110 351-4 beim Halt in Essen Hbf. am 30. August 1979

D112 mit DR-Lok 01 048 fährt am 18. Juni 1964 in den Bahnhof Helmstedt ein. Fast genau 25 Jahre später, am 10. Juni 1989, an gleicher Stelle, ist es der D246 mit DR-Lok 132 447-4

D163 mit DR-Lok 03 135 wartet im Mai 1967 in Hamburg Hbf. auf Ausfahrt nach Berlin.Fast genau 25 Jahre, später am 13 .Juni 1992, an gleicher Stelle, DR-Lok und Wagenmaterial, als hätte sich nichts geändert. Doch der Schein trügt: die innerdeutsche Grenze, die „Zone“ und damit auch die Interzonenzüge sind Geschichte! Der D2637 mit ehemaliger DR-Lok 232 513-2 wird ohne lästigen Grenzaufenthalt nach sieben Stunden sein Ziel Dresden erreichen

Text und Foto: Lorenzo Pallotta
Übersetzung: Alexander Weber

Die Baureihe E.402B der FS

In den frühen 1990er Jahren befindet sich Europa im Umbruch. Zusammen mit dem Eisernen Vorhang fallen auch die Grenzen innerhalb Europas und das Konzept der interoperablen, grenzüberschreitenden Lokomotive, die in der Lage ist, nationale Grenzen ohne Lokwechsel zu überqueren, beginnt sich mit Macht, ihren Weg zu bahnen. Die italienischen Staatsbahnen treffen diese Entwicklungen wie so oft unvorbereitet, besteht der Fuhrpark doch größtenteils aus überaltertem und nicht mehr zeitgemäßem Rollmaterial. So sind die einzigen Lokomotiven, die 200 km/h erreichen können, die der Baureihe E.444R – generalsanierte E.444 –, die so genannten "Tartarughe" (zu Deutsch "Schildkröten") aus den 1960er Jahren. Der Verwaltungsrat der Staatsbahn entscheidet sich daher, den Fuhrpark komplett zu erneuern und lässt verschiedene neue Lokomotivbaureihen entwickeln, die alle neuen Verkehrsanforderungen erfüllen sollen. Für den Einsatz vor schnellen Zügen ergeht nach Versuchen mit fünf Prototypen der Baureihe E.402 der Auftrag zur Lieferung von 40 Serienlokomotiven mit der Baureihenbezeichnung E.402A, die eine Höchstgeschwindigkeit von 220 km/h erreichen und unter 3 kV Gleichstrom fahren können. Gleichzeitig bestellt Trenitalia 20 Mehrsystem-Maschinen der Baureihe E.412 für den Einsatz vor Güterzügen. Sie erreichen eine Höchstgeschwindigkeit von 200 km/h und können sowohl unter 3 kV Gleichstrom als auch unter 15 kV Wechselstrom für Zugführungen nach Österreich und Deutschland über den Brenner betrieben werden. Für den Regionalverkehr entsteht die Baureihe E.464, von der bisher 717 Exemplare ausgeliefert wurden. Für den Hochgeschwindigkeitsverkehr wird schließlich die Baureihe E.404.100 geschaffen, die als Triebkopf für ETR 500-Züge dient und in der Folge durch die Mehrsystemversion E.404.500 ersetzt wurde. Zuletzt fällt noch die Entscheidung, auch eine Universallokomotive für den Personen- und Güterverkehr in Mehrsystemausführung zu bauen, die sowohl auf den klassischen Linien unter 3 kV Gleichstrom als auch auf den neuen Hochgeschwindigkeitsstrecken unter 25 kV Wechselstrom einsetzbar sein soll. Auf Basis der Baureihe E.402A nimmt so eine Mehrsystemlokomotive langsam Gestalt an, die Baureihe E.402B.

Eine E.402B in XMPR-Lackierung mit einem grünen Lätzchen in der alten Originalfarbe zieht den EuroNight 226 "Palatino" von Roma Termini nach Paris Bercy. Der Zug in einer bunten Mischung aus Wagen in XMPR- und Artesia-Farbkleid passiert gerade die Blockstelle Bassano in Teverina. 29. Juni 2006

Die Entstehung der Baureihe E.402B

Mit der Durchführung des Projektes beauftragt Trenitalia die Firma Ansaldo, die die Lokomotiven in ihren Werksanlagen in Neapel fertigt. Die ursprüngliche Bestellung von 30 Einheiten erhöht sich bald um weitere 50 Einheiten und da das Projekt (zumindest auf dem Papier) eine Weiterentwicklung der Baureihe E.402A darstellt, fällt die Entscheidung, die neuen Lokomotiven als Baureihe E.402B zusammenzufassen, die als Untergruppe der Baureihe E.402, beginnend mit der Ordnungsnummer 100, geführt werden.

Als erste Einheit der neuen Baureihe verlässt die E.402B.101 am 19. Dezember 1996 das Werk von Ansaldo und tritt, begleitet von E.656.530, am 30. Dezember zu einer Jungfernfahrt mit 100 km/h Höchstgeschwindigkeit vom Bahnhof Napoli Smistamento nach Formia an. Die Formgebung bricht grundlegend mit der Vergangenheit, denn der Lokkasten weist keinerlei Lüftungsgitter in den Seitenflächen auf und die Kopfgestaltung ist rundlich und kurvenreich im Gegensatz zu der eher kantigen Linienführung der E.402A. Das Design stammt aus der Feder von Pininfarina, dessen Schriftzug die Seitenflächen der Lokomotiven ziert. Obwohl bei der Auslieferung der E.402.101 gerade das neue XMPR-Farbschema eingeführt wird, erhält die Lokomotive eine ganz eigenständige Lackierung mit hellgrauen Fronten mit grünem Lätzchen, sowie dunkelgrauen Seitenflächen mit grünem Farbband. Als erste Lokomotive überhaupt trägt die E.402.101 zudem das neu gestaltete Logo der Staatsbahn FS. Mit Beginn des Jahres 1997 intensiviert sich das Testprogramm. Die Geschwindigkeit wird dabei schrittweise immer weiter erhöht. In der Nacht zwischen dem 19. und 20. Februar 1997 führen Techniker Tests bei 140 km/h durch und die Lokomotive befährt zum ersten Mal die "Direttissima" zwischen Rom und Arezzo. Am 14. März erreicht sie zwischen Rom und Florenz 180 km/h. Die 200 km/h-Marke knackt sie schließlich am 18. März, wiederum zwischen Rom und Florenz, wobei die E.402A.015 bereitsteht, um im Falle eines Defekts auszuhelfen. Nach den erfolgreich abgeschlossenen Geschwindigkeitstests folgen weitere Tests zum Zug- und Traktionsverhalten, die zwischen dem 26. und 30. Mai mit Unterstützung der E.652.172 auf der Brennerstrecke stattfinden. Währenddessen stellt Ansaldo die zweite Einheit, die E.402B.102, fertig, die am 9. August 1997 ausgeliefert wird. Auch wenn das Gesamtdesign unverändert bleibt, erfährt die E.402B.102 doch einige Detailveränderungen, die auf die Erfahrungen bei den Tests mit ihrer Schwestermaschine zurückgehen. So weisen die Seitenflächen nur noch 10 statt 13 Rippen auf. Die 13-polige Steckdose an der Front, die bisher zwischen den Scheinwerfern positioniert war, hat man unter die Frontscheibe verlegt und durch eine zweite ergänzt, wodurch auch die Scheibenwischer anders angeordnet werden mussten. Der REC Stecker wurde eliminiert und durch zwei REC-Steckdosen ersetzt. Während die E.402B.101 in der Folge zu Ansaldo zurückkehrt, um in einigen Details an die Serienlokomotiven angepasst zu werden, beginnt für die E.402B.102 ein Probeeinsatz vor Güterzügen zwischen Florenz und Bologna auf der Apennin-Strecke sowie vor einigen Intercity-Zügen zwischen Florenz und Rom. In den folgenden Monaten erfolgt im schnellen Takt die Auslieferung der weiteren Serienlokomotiven, während gleichzeitig die E.402B.102 weiter im Probebetrieb unterwegs ist und die E.402B.103 ausgiebigen Tests an Elektrik und Bremsen unterzogen wird, bevor auch sie im Probebetrieb vor Güterzügen zum Einsatz kommt. Zwischen Mai und Juni 1998 schickt die FS beide Lokomotiven nach Tschechien, wo sie auf der Teststrecke in Velim zusammen mit E.402B.108 erste Probefahrten unter 25 kV Wechselstrom unternehmen. Wenige Wochen zuvor diente die E.402B.107 der neuen E.412.001 als Unterstützung auf ihrer Jungfernfahrt zwischen Florenz und Chiusi. Daneben wurde im gleichen Zeitraum die E.402B.110 in der Klimakammer der Rail Tech Arsenal in Wien Klimatests unterzogen, während E.402B.108 in Frankreich rund um Dijon begleitet von BB 26087 erste Probefahrten unternahm.

Im Jahr 1998 erreicht schließlich E.402B.120 begleitet von E.402B.127 zwischen Florenz und der Station Sant`Oreste erstmals eine Höchstgeschwindigkeit von 247 km/h. Ab diesem Jahr setzt die FS die Lokomotiven auch vor Güter-, Interregio- und Express-Zügen auf der Strecke Rom – Neapel – Cosenza – Paola – Reggio Calabria ein. Die Strecke wird später auf die Apennin-Strecke ausgeweitet, wobei die Lokomotiven hier nur vor Güterzügen zum Einsatz kommen. Ab diesem Zeitraum versieht man die neu ausgelieferten Einheiten mit Trittbrettern an den Puffern, um dem Personal den Anschluss der 13/18 poligen-Kabel zu erleichtern. Im Jahr 1999 erfolgt die Auslieferung weiterer Einheiten in schneller Folge und die bereits gelieferten Lokomotiven sind nun regulär im Einsatz. Ausfälle und Traktionsprobleme, die sich bei den ersten Lokomotiven

Hier fährt eine E.402B mit dem EuroNight 227 “Palatino” nahe Fidene an der nördlichen Peripherie von Rom vorbei. Die Lokomotive ist eine in der "Frankreichversion", wie man am ersten Pantographen gut erkennt. Die Wagen präsentieren sich teils in XMPR- und teils in Artesia-Farbgebung lackiert. 23. März 2007

Die E.402B.153 in "Frankreichversion" durchfährt mit dem EuroNight 371 “Salvador Dalí” von Barcelona Estació de França nach Milano Centrale den Bahnhof Rho. 13. April 2007

Diese E.402B weist noch die Ursprungslackierung auf und zieht den EuroNight 235 “Allegro Tosca” von München Hbf/Wien Südbahnhof nach Roma Termini. Die Aufnahme entstand nahe Settebagni in der nördlichen Peripherie von Rom. 28. Dezember 2007

Hier befinden wir uns in Riano an der Direttissima Rom – Florenz. Eine E.402B zieht den EuroNight 227 “Palatino”. Zwischen den Wagen in Artesia-Farbgebung sticht ein Corail-Wagen in alter SNCF-Lackierung hervor. 24. Dezember 2006

Die E.402B kommen oft vor internationalen Zügen zum Einsatz. Hier sehen wir eine Einheit mit unvollständiger XMPR-Lackierung nahe Civita Castellana an der Spitze des EuroNight 226 “Palatino” von Roma Termini nach Paris Bercy. 13. Juni 2009

Die elegante dunkelblaue Lackierung der Nachtzugwagen von Trenitalia und der SBB mag nicht so recht zum XMPR-Farbkleid der E.402B, die sie zieht, passen. Wir befinden uns in Settebagni und der Zug ist der EuroNight 313 “Luna” von Zürich Hbf / Genf nach Roma Termini. 11. Juli 2009

gezeigt hatten, konnten durch eine neue Software und einige technische Modifikationen behoben werden. Immer wieder findet die Baureihe E.402B als Begleitlokomotive für neue Fahrzeuge Verwendung. So dient die E.402B.125 zwischen März und April 1999 als Begleitlokomotive für die ersten Tests der Baureihe E.404.500 zwischen Neapel und Rom, während im Oktober die gleiche Aufgabe der E.402B.108 bei der Erprobung der E.464.000 zwischen Florenz und Chiusi zufällt. Am 16. Juli 1999 übernimmt die Infrastruktursparte der FS, Rete Ferroviaria Italiana (kurz RFI), die E.402B.101, wo sie fortan als Zuglok für deren Messzug "Archimedes" dient.

1999 ist aber vor allem das Jahr der ersten Tests unter 25 kV Wechselstrom in Italien, die zwischen Castiglione del Lago und Panicale stattfinden. Mitte November erfolgt die Umrüstung des Streckenabschnitts, den nun eine mobile Umspannstation mit Strom versorgt. Der Testzug, bestehend aus E.402B.101 und E.402B.138, drei Gepäck- und einem Wagen für elektrische Messungen, befährt die Strecke zunächst alleine mit einer Geschwindigkeit von 130 km/h. In einer zweiten Phase nimmt auf dem Parallelgleis auch der Elektrotriebwagen ALe 540 017 an den Tests teil. Ausgerüstet mit einem Pantograph des Typs ATR 90 soll er Messungen durchführen, ob die Signalsteuerung durch Interferenzen des unter Wechselstrom fahrenden Testzuges beeinflusst wird. In der Zwischenzeit entscheidet Trenitalia, dass die E.402B.139 - .158 für interoperable Güterverbindungen zwischen Italien und Frankreich eingesetzt werden sollen, weshalb sie in der so genannten "Frankreichversion" ausgerüstet werden. Im Einzelnen liefert Ansaldo die Einheiten .140 - .146 zunächst in der "Italienversion" aus und rüstet sie nachträglich um, während die anderen Einheiten gleich in der "Frankreichversion" geliefert werden. Hierbei erhalten die Lokomotiven einen Einholstromabnehmer vom Typ AM 18B von Alstom und einen asymmetrisch angeordneten für 25 kV sowie die von der RFF – Réseau Ferré de France vorgesehenen Zugsicherheitsausrüstungen VACMA (Veille Automatique Contrôle par Maintien d'Appui), RSO (Répétition Optique des Signaux) und KVB (Contrôle Vitesse par Balise), eine Zugfunkeinrichtung der SNCF, ein Notfallsignal durch eine Blinkeinrichtung der Frontscheinwerfer und eine Blockierung der Sandkästen. Um die Funktionalität dieser Änderungen zu testen, hatte man bereits 1997 die E.633.235 entsprechend umgerüstet und im Dezember desselben Jahres zwischen Saint-Jean-de-Maurienne und Modane Testfahrten unterzogen. In diesem Fall wurde natürlich kein spezieller Pantograf montiert, sondern nur das vorhandene Schleifstück des FS-Pantografen durch eines der SNCF für 1,5 kV ersetzt.

Im Jahr 2000 schickt Trenitalia zwei Einheiten für Vorführfahrten nach Slowenien und Kroatien. Es handelt sich dabei um die E.402B.103 und .169, die bis Ende Januar Probefahrten unternehmen. Vor allem die E.402B.169 kommt dabei auf der Strecke zwischen Rijeka und Zagreb zum Einsatz, die teils mit 3 kV Gleichstrom und teils 25 kV Wechselstrom betrieben wird. Die Temperaturen liegen während der Tests bisweilen unter minus 25 Grad Celsius. Der Einsatz einer Mehrsystemlokomotive verkürzt dabei die Fahrzeit zwischen den beiden Städten um bis zu 40 Minuten.

In den folgenden Monaten starten in Italien die ersten Probefahrten in Doppeltraktion zwischen Neapel und Rom und zwischen Neapel und Sapri mit den beiden Einheiten E.402B.112 und .166. Gleichzeitig erfolgen auch erste Tests mit der Baureihe als Schublok im Wendezugeinsatz unter Verwendung der neuen UIC-Z-Steuerwagen, die Trenitalia mittlerweile erhalten hatte. Hierfür erprobt Trenitalia zunächst die E.402B.112 auf der "Direttissma" zwischen Arezzo und Orte und später die E.402B.122 zwischen Neapel und Battipaglia. Im März kommt dann die E.402B.132 als Begleitlokomotive für das eigentümliche Diagnosefahrzeug Roger 1000 zwischen Florenz und Orte zum Einsatz, während die E.402B.133 im September die ÖBB-Lokomotive 1822.003 begleitet, die wiederum zwischen Florenz und Orte getestet wird. Zu den glücklosen Baureihen, die die E.402B auf ihren Testfahrten begleitet hat, gehört ohne Zweifel die E.492.004. Die Baureihe E.492 hätte zusammen mit ihrer Schwesterbaureihe E.491 das Wechselstromzeitalter auf Sardinien einleiten sollen. Nachdem dieses Projekt, noch bevor es richtig begonnen hatte, wieder aufgegeben wurde, wurden die Lokomotiven abgestellt und zum Verkauf angeboten. Nach ergebnislosen Verhandlungen mit Frankreich und der Türkei bereiteten die Techniker die E492.004 im November 2000 für eine Testfahrt auf der bereits bekannten Strecke zwischen Castiglione del Lago und Panicale vor, um sie dort für weitere Vorführfahrten in Ungarn für einen angedachten Verkauf nach Serbien herzurichten. Obwohl die Lokomotive seit ihrer Ablieferung nur wenige Kilometer gefahren war, machte sich die lange Abstellzeit im Freien sofort

Neben prestigeträchtigen Zügen müssen die E.402B oft schwere Nachtexpresszüge befördern, die hunderte Kilometer entlang des Stiefels zurücklegen. Man sieht eine E.402B an der Spitze des Expresszuges 823 "Freccia del Sud", der Milano Centrale mit Agrigento Centrale verbindet und Kurswagen nach Syrakus aufweist. Er passiert gerade Piana Bella di Montelibretti auf der langsamen alten Bahnstrecke zwischen Rom und Florenz. 22. Juli 2009

bemerkbar und die Tests wurden zu einem Fiasko. Die glücklose gelb / rote Lokomotive musste für eine Komplettüberholung zu Ansaldo geschickt werden, wobei die E.402B.145, die diese schon während der fehlgeschlagenen Tests immer wieder abgeschleppt hatte, sie nach Neapel brachte. Inzwischen führte die E.402B.139 am 28. November den ersten interoperablen Zug zwischen Italien und Frankreich ohne Lokwechsel zwischen Turin Orbassano und Amberieu.

Aktuelle Lage

Im Jahr 2000 ist die Lieferung der 80 Einheiten der Baureihe E.402B durch Ansaldo vollständig abgeschlossen. In den folgenden Jahren werden die Lokomotiven in normalen Umläufen eingesetzt, obwohl sie immer wieder auch für Testfahrten oder als Begleitlokomotiven Verwendung finden. Im Juli 2003 wird in der E.402B.165 probeweise das neue Zugsicherungssystem SCMT (Sistema Controllo Marcia Treno) eingebaut, das in der Folge auch alle anderen Lokomotiven erhalten. Im November des gleichen Jahres testen die Einheiten .177 und .139 auf der noch nicht eröffneten Hochgeschwindigkeitsstrecke Rom – Neapel auf dem Abschnitt Rom – Anagni das neue ERTMS (European Rail Traffic Management System) im Hinblick auf seine zukünftige Anwendung in Hochgeschwindigkeits-Schienenfahrzeugen. Fast unbeachtet, da das Hauptaugenmerk von Trenitalia gerade auf der neuen, glücklosen Baureihe E.403 liegt, dienen einige Einheiten der E.402B als Begleitlokomotiven für die ÖBB-Lokomotiven 1216.032 und 1216.012, die zu Testfahrten auf der "Direttissima" Rom – Florenz zwischen Rom und Orte unterwegs sind.

In der Zwischenzeit fällt im Dezember 2006 die Entscheidung, E.402B.139 - .158 wieder in die "Italienversion" zurückzubauen. Hierzu werden nach und nach die französischen Pantografen für den Betrieb unter 1,5 kV Gleichstrom entfernt. Diese Entscheidung wurde wahrscheinlich durch die nur mittelmäßige Leistung der Lokomotiven unter dem französischen Gleichstromnetz beeinflusst, die dazu führte, dass zwischen Saint-Jean-de-Maurienne und dem Frejus-Tunnel nur Züge mit 650 Tonnen in Doppeltraktion befördert werden konnten. Eine Doppeltraktion der "Astryde"-Baureihe der SNCF mit identischer Nennleistung wie die E.402B allerdings entwickelt, um auch unter 1,5 kV mit voller Leistung arbeiten zu können, vermochte dagegen mühelos Züge mit 1.150 Tonnen bei 80 km/h zu ziehen. Der Rückbau war 2010 abgeschlossen.. Im Januar desselben Jahres wurden die E.402B.142 und E.402B.149 für den Einsatz vor Diagnosezügen in ganz Italien an die Infrastruktursparte RFI abgetreten.

Eine weitere E.402B mit einer eleganten Lackierung ist die Einheit .101. Auf dem Foto sehen wir sie nahe Capena auf der Direttissima Rom – Florenz an der Spitze eines Teils des Diagnosezuges "Archimedes" der Infrastrukturgesellschaft RFI. 10. Mai 2011

Technik

Die Lokomotiven der Baureihe E.402B besitzen einen Lokkasten mit zwei Führerständen mit zwei Zugangstüren. Der Lokkasten ruht auf zwei zweiachsigen Drehgestellen, die jeweils mit zwei Drehstrom-Asynchron-Fahrmotoren ausgestattet sind. Der Lokkasten ist selbsttragend, bestehend aus einem Grundrahmen und Seitenwandgerippe in Gitterstruktur, das im Fall der E.402B.101 aus Vierkantstahlpfosten, bei den Serienlokomotiven aus Rundstahlrohren gebildet wird, sowie den beiden Führerständen. Die tragenden Elemente sind aus Stahl, die Dachstruktur besteht aus drei Leichtmetallelementen, die einen leichten Zugang zur eingebauten elektrischen Ausrüstung ermöglichen und auf denen neben den Pantografen auch die Hochspannungseinrichtungen montiert sind. Seitlich an der Dachkante sind die Lüftungsöffnungen angebracht. Die Führerstände sind so ausgelegt, dass das Personal im Falle eines Zusammenstoßes geschützt ist. Die Seitenwände sind schall- und wärmeisoliert, um einen niedrigen Geräuschpegel zu garantieren und zu verhindern, dass die Hochspannungseinrichtung und die sonstige Technik Temperaturschwankungen ausgesetzt sind. Die Führerstände selbst bestehen aus GfK mit Verstärkungen aus Stahl an den kritischen Stellen. Sie sind durch einen zentralen Korridor miteinander verbunden. Auf beiden Seiten des Korridors sind die elektrischen, elektronischen und elektropneumatischen Einrichtungen der Lokomotive angeordnet. In Unterbodenverkleidungen zwischen den beiden Drehgestellen sind weitere elektrische Geräte untergebracht. Zug- und Stoßeinrichtungen sind von traditioneller Art und auf einer Höhe von 1.040 mm über der Schienenoberkante montiert. Die Lokomotiven weisen je zwei REC-Steckdosen an jeder Front auf, aber keinen REC-Stecker (nur die E.402B.101 hat traditionell REC-Stecker und -Steckdosen an beiden Fronten).

Bei der Innengestaltung der Führerstände wurde auf höchstmöglichen Komfort für das Personal geachtet. Jeder Führerstand besitzt eine Klimaanlage mit automatischer Thermostat-Regelung. Zwei Zugangstüren ermöglichen den Zugang zu jedem Führerstand von beiden Seiten der Lokomotive und im zentralen Teil der Rückwand erlaubt eine Tür mit Notöffnung den schnellen Zugang zum zentralen Korridor. Ein Druckausgleichssystem zusammen mit speziellen Tür- und Fensterdichtungen hält Druckstöße weitgehend von den Führerständen fern. Auf der Innenseite der Frontscheibe ist eine Spezialfolie angebracht, die das Personal im Falle des Bruchs der Scheibe vor Splittern schützen soll. Bei der geringsten Veränderung dieser Schutzfolie erfolgt ein sofortiger Austausch der Frontscheibe. Über dem Sitzplatz für den zweiten Lokführer gibt es ein Fach für die Bordbücher. Das Steuerpult entspricht dem Einheitstyp FS / 93 und besteht aus GfK. Sämtliche Steuerelemente sind über Kabel und Schnellanschlussklemmen mit der jeweils zu steuernden Technik verbunden. Die analogen Instrumente beschränken sich auf ein Minimum, da ein Diagnosesystem vorhanden ist, das bei Bedarf durch entsprechende Monitore Informationen über alle Systeme der Lokomotive liefert. Die Drehgestelle weisen jeweils zwei Achsen und zwei Antriebsmotoren auf. Jede Achse besitzt einen Motor, sodass die E.402B die Achsfolge Bo-Bo hat. Der Drehgestellrahmen hat die Form einer "8" und besteht aus Stahlblech. Die Primäraufhängung ist zweiteilig. Der erste Teil besteht aus vier Gruppen von je zwei konzentrischen Schraubenfedern je Drehgestell und reagiert nur auf vertikale Belastungen. Der zweite Teil, bestehend aus der Verbindung zwischen Achslager und Drehgestell, wird durch Metallplast-Blöcke gebildet. Diese Blöcke ermöglichen es sowohl den Achslagern als auch den Laufachsen, gleichermaßen in Längs- als auch in Querrichtung kleinere Bewegungen zu machen. Die Laufräder sind in Monoblockbauweise. Das Bremssystem besteht aus Scheibenbremsen an jedem Rad mit automatischer Energierückgewinnung. Zusätzlich ist an jedem Rad eine Federspeicherbremse als Feststellbremse vorhanden. Die Kraftübertragung von den Motoren auf die Laufachsen erfolgt über ein Untersetzungsgetriebe und eine Hohlwelle, während die Übertragung der Längskräfte zwischen Drehgestell und Lokkasten nach einem Schema der niedrigen Traktion stattfindet.

Die Lokomotive ist so konzipiert, dass sie mit zwei Pantografen des Typ ATR 90 ausgerüstet ist, die unterschiedliche Schleifstücke aufweisen (eines für 3 kV Gleichstrom über Führerstand B, das andere für 25 kV Wechselstrom über Führerstand A), auch wenn momentan alle Maschinen dafür vorgesehen sind, mit beiden Pantografen die 3 kV-Oberleitung zu nutzen. Die beiden Pantografen unterscheiden sich vor allem in der größeren Kontaktfläche der Schleifstücke des 3 kV-Pantografen im Vergleich zu dem für die 25 kV, da es nötig ist, damit eine größere Strommenge aufnehmen zu können. Mit dem Pantografen für 25 kV ist es zwar möglich, Energie im Bedarfsfall auch aus dem 3 kV-Netz, ohne das Schleifstück austauschen zu müssen, zu nutzen, aber nur mit einer Leistungsreduzierung von ca. 30 % aufgrund der niedrigeren verwertbaren Stromstärke. Die eigentliche Innovation der E.402B liegt jedoch in ihrer Leistungsschaltung, die aus zwei GTO-Invertern besteht, welche mit deionisiertem Wasser gekühlt werden. Dieses wird durch entsprechende Kühltürme geleitet, in denen ein Lüfterrad Kühlluft ansaugt. In der Mitte der Lokomotive befindet sich der Siemens-Transformator mit 6500 kVA, der eine Masse von 13 Tonnen aufweist. Trotzdem ist es gelungen, das Gesamtgewicht auf 89 Tonnen zu begrenzen, nur zwei Tonnen mehr als bei der E.402A. Als Antriebsmotoren dienen der E.402B vier Motoren von Ansaldo des Typs MTA-F4-1430 V. Diese Motoren mit einer Nennleistung von 1.500 kW und einer Masse von nur 2.750 kg arbeiten mit einer maximalen Frequenz von 132 Hz im Vergleich zu 120 Hz bei den Motoren der E.402A. Dadurch war es möglich, die gleiche Höchstgeschwindigkeit wie bei der E.402A (220 km/h) zu erreichen, dies aber mit der kürzeren Getriebeübersetzung 23/91 anstelle von 22/79. Es vergrößert sich so der Geschwindigkeitsbereich, in dem die Dauerleistung und damit die Zugkraft optimal genutzt werden können. Im Falle der E.402B in der "Frankreichversion" sieht die Lage etwas anders aus. Wegen der Beschränkungen, die sich unter 1,5-kV-Netzspannung ergeben, sinkt die Leistung drastisch auf nur noch 2.700 kW, während die Achslast aufgrund der zusätzlichen Technik auf 22,5 Tonnen steigt.

Die Lackierungen

Die E.402B wurden, wie im Text bereits erwähnt, zeitgleich mit dem Aufkommen der XMPR-Lackierung ausgeliefert, wiesen aber ein eigenständiges und eleganteres Farbschema auf. Die Fronten waren hellgrau mit einem grünen Lätzchen, die Seitenflächen in einem dunkleren Grauton mit einem grünen Farbband gehalten. Das neue FS-Logo befand sich an den Fronten zwischen den Scheinwerfern und an den Seitenflächen unterhalb der Führerstandsfenster und kam an diesen Lokomotiven erstmals zur Anwendung. An der E.402B.102 fehlten die FS-Logos an den Stirnfronten zunächst, wurden aber später auch dort angebracht. Die E.402B.138 war die einzige mit spezieller Lackierung, wies sie doch auf den Seitenflächen den Schriftzug "Trenitalia Treno Multicliente" in rot, grün und blau auf. Um den Normen der RFI, für eine bessere Sichtbarkeit von Schienenfahrzeugen zum Schutz des Streckenpersonals gerecht zu werden, erhält E.402B.104 als erste der Baureihe am 12. Februar 2002 einen roten Warnlatz an den Stirnfronten. Dieser ist zwischen den Scheinwerfern platziert und in seiner Mitte befindet sich das nun weiße FS-

Logo. Dank seiner Rundungen einem Kussmund nicht unähnlich, ist er zu einem Markenzeichen der E.402B geworden, die fortan unter Eisenbahnern und Fans jenseits der Alpen als die Lokomotive mit dem Kussmundgesicht gilt. Als die Garantiefrist für die Erstlackierung abläuft, erhalten die Lokomotiven nach und nach das XMPR-Farbschema. Während die Fronten unverändert blieben, sind die Seitenflächen nun hellgrau lackiert mit einem grünen Farbband als unterem Abschluss, über dem ein schmales blaues Farbband angeordnet ist. Das FS-Logo behält seine Form, ist nun aber dreifarbig. Das grüne Lätzchen an den Stirnfronten wird zunächst beibehalten, da es aber einen anderen Grünton als die Farbbänder an den Seiten aufweist, ergibt sich eine unharmonische Gesamtansicht, sodass sich Trenitalia schließlich entscheidet, auch den Frontlatz im Grün der Seiten zu lackieren und damit den letzten Rest der Originallakkierung zu eliminieren.

Da für die Positionierung des FS-Logos auf den Seiten offenbar keine klaren Regeln vorgegeben sind, erfolgt das Anbringen der jeweiligen Haftfolien nach Lust und Laune des Personals, das den Schriftzug "Trenitalia", der zum Logo hinzugefügt wird, mal unterhalb, mal neben dieses platziert. Der untere Teil des Logos soll gemäß der Idee der Grafiker das "S" von FS symbolisieren und ist in rot gehalten, während der Rest grün ist. Zeitgleich erhält die an die RFI abgetretene E.402B.101 eine sehr elegante neue Lakkierung. Die gesamte Lokomotive ist in hellgrau gehalten mit blauem Rahmen und einem blauen Längs- und einem Querstreifen, während die Fenster schwarz eingefasst sind. Die schwarze Einfassung erhalten auch die Frontscheiben, unter denen ein blauer Latz angeordnet ist. Auf den Seitenflächen ist der Schriftzug "Archimede Treno Misure di Rete Ferroviaria Italiana" angebracht. Ein kurioses Detail am Rande ist die Tatsache, dass der rote Warnlatz an der Front, den die RFI für alle Fahrzeuge gefordert hatte, an ihrer eigenen Lokomotive so dezent ausfällt, dass man ihn kaum sieht. Der typische italienische Wahninn! Aktuell tragen viele Einheiten die XMPR-Lakkierung, aber einige hat man mittlerweile wieder umgestaltet.

Mit dem Aufkommen der Frecciabianca-Verbindungen haben 38 Lokomotiven eine entsprechende Lackierung passend zu der des eingesetzten Wagenmaterials erhalten. Der Grundfarbton ist hellgrau, der Rahmen ist schiefergrau gehalten. An den Seiten ziehen sich Farbbänder in zwei Rottönen entlang, die kombiniert mit grünen Bögen, die Nationalflagge Italiens imitieren sollen. Dank der Normen der RFI bleibt der rote Kussmund erhalten, während das grüne Lätzchen nun ebenso wie das Lüfterband in Schiefergrau gehalten ist. Auf den Seitenflächen ist der Schriftzug "Frecciabianca" angebracht. Zunächst kamen pro Seite zwei kleine Schriftzüge zur Anwendung, zur besseren Sichtbarkeit des neuen Markennamens hat man diese aber mittlerweile durch einen großen Schriftzug in der Mitte der Seitenfläche ersetzt. Man hatte so eine sehr gelungene und elegante Lackierung geschaffen, die zudem auch eine gute Sichtbarkeit garantiert. Aber wie so oft, wenn sich etwas verbessert, verschlechtert sich an anderer Stelle etwas. Bei der E.402B.101 der RFI erhält der Rahmen jetzt eine Lackierung im XMPR-Grün und die blauen Längs- und Querstreifen werden rot. Mit dieser Übernahme eines etwas abgewandelten XMPR-Farbschemas für eine RFI-Lokomotive zeigt sich die enge Verwandtschaft zwischen RFI und Trenitalia, auch wenn sie auf dem Papier zwei eigenständige Einzelunternehmen sind.

Infolge der Probleme im Betriebsablauf, die durch den Brand des Stellwerkes in der Station Roma Tiburtina am 24 Juli 2011 entstanden waren, wurden viele Züge von der Strecke Rom – Florenz auf die Strecke Rom – Genua umgeleitet. Unter ihnen befand sich auch der EuroNight 235 "Allegro Tosca", den wir hier nahe Maccarese sehen. 30. Juli 2011

An der Bahnstrecke Rom – Genua entlang des tyrrhenischen Meeres gibt es viele reizvolle Fotopunkte. Einer der schönsten liegt wohl bei Calafuria, den hier gerade eine E.402B mit einem Eurostar City Italia passiert. Die einzigen Lokomotiven, die ebenfalls ein zu den Wagen passendes Farbkleid erhielten, waren die der Baureihen E.444R und E.414. 26. November 2011

Einsatz

Die E.402B wurden zwischen dem 25. Mai 1998 und 15. September 2000 an Trenitalia geliefert und sind zwischen der Personen- und Güterverkehrssparte aufgeteilt und den Betriebswerken Napoli Smistamento und Milano Smistamento zugewiesen worden. Ab dem 9. Februar 1998 wurden neun Einheiten, obwohl noch nicht offiziell in Dienst gestellt, vom Betriebswerk Napoli Smistamento in einem Umlauf eingesetzt, der neben Güterzugleistungen auch Interregio- und Expressverbindungen auf der Strecke Rom – Neapel – Cosenza / Paola – Reggio Calabria umfasste. Mit dem Sommerfahrplan 1998 kamen alle verfügbaren Einheiten auf der Apenninstrecke zwischen Mailand und Reggio Calabria zum Einsatz. Am 30. Juni 1999 waren offiziell 49 Einheiten im Dienst, die sich wie folgt verteilten: 41 im Betriebswerk Napoli Smistamento (24 für den Personenverkehr, 17 bei Trenitalia Cargo) und 8 im Betriebswerk Milano Smistamento (jeweils 4 für den Personenverkehr und für Trenitalia Cargo). Mit dem Inkrafttreten des Sommerfahrplans 1999 am 30. Mai weitete sich das Einsatzgebiet der E.402B im Personenverkehr auch auf die Strecke am Tyrrhenischen Meer aus, wo sie fast alle IC-Zugleistungen von Turin und Ventimiglia nach Rom übernahmen: IC 517 "Cavour" Turin – Salerno, IC 519 "Crati" Turin – Reggio Calabria, IC 525 "Tirreno" Ventimiglia – Rom, IC 527 "Sila" Turin – Cosenza, IC 529 "Capodimonte" Turin – Neapel, IC 516 "Cavour" Salerno – Ventimiglia, IC 518 "Capodimonte" Neapel – Turin, IC 524 "Tirreno" Rom – Ventimiglia, IC 526 "Versilia" Rom – Turin, IC 534 "Crati" Reggio Calabria – Turin. Des Weiteren wurden sie auch für die durchgehenden Express-Verbindungen Exp 1941/1940 "Treno del Sole", Exp 805/810 "Treno dell`Etna" Turin – Villa San Giovanni und Exp 811/818 Turin – Reggio Calabria und zurück eingesetzt. Die 17 E.402B für den Güterzugeinsatz des Betriebswerkes Napoli Smistamento waren in ganz Italien im Einsatz und verbanden mit schnellen Ganzzügen mit 1.000 Tonnen Villa San Giovanni mit Marcianise, Padua, Piacenza, Alessandria, Turin und Mailand, während die vier dem Cargo-Bereich zugeordneten Einheiten des Betriebswerkes Milano Smistamento auf der Strecke nach Pomezia und Latina unterwegs waren. Als Ende September 2000 die Auslieferung der E.402B abgeschlossen war, befanden sich 44 Einheiten im Betriebswerk

Dieses einzigartige Foto zeigt die E.402B.101 im neuen Farbkleid des Diagnosezuges "Archimedes" während die Wagen noch die alte Lackierung tragen. Wir befinden uns an der Direttissima Rom – Florenz nahe der Blockstelle Civitella d'Agliano. 15. Juni 2012

Napoli Smistamento (24 Maschinen für den Personenverkehr, 20 bei Trenitalia Cargo) und 35 Einheiten im Betriebswerk Milano Smistamento (15 für den Personenverkehr und 20 bei Trenitalia Cargo). Seit Oktober 2004 sind sowohl die E.402B wie auch die E.402A für den Wendezugeinsatz mit UIC-Z-Steuerwagen zugelassen und kommen seitdem auf den Verbindungen von Venedig, Mailand und Turin nach Rom und Neapel zum Einsatz. Im Laufe der Jahre hat Trenitalia Cargo nach und nach seine E.402B an den Personenverkehrsbereich abgegeben, so dass sie sich heute die Umläufe vor Personenzügen mit anderen Schnellzuglokomotiven wie der E.444R und E.402A teilen. Hierbei kamen sie auch vor prestigeträchtigen internationalen Zügen zum Einsatz. Darunter waren die mittlerweile eingestellten Euronight-Verbindungen "Galileo" und "Palatine" nach Frankreich, die zunächst aus Corail-Wagen der SNCF später aus UIC-X-Wagen der Gesellschaft Artesia und am Ende von Thellò gebildet wurden, sowie die Euronight-Verbindungen "Roma" und dann "Luna" in die Schweiz aus Wagen der SBB und von Trenitalia. Nicht vergessen werden soll auch, dass die E.402B oft vor dem Euronight "Salvador Dali", der Mailand mit Barcelona verband, als Zuglok Verwendung fand. Heute ist die Zahl der internationalen Züge, die in Italien unterwegs sind, zwar stark zurückgegangen, aber der Hauptteil dieser Leistungen wird immer noch der E.402B anvertraut. So kommen die Lokomotiven vor den Thellò-Zügen zwischen Italien und Frankreich, aber auch vor den nur zeitweise verkehrenden Express-Zügen Nizza – Moskau, sowie vor der täglichen Euronight-Verbindung 234/235 "Allegro Tosca" zwischen Wien / München und Roma Termini zum Einsatz. Die E.402B in Frecciabianca-Lackierung bedienen die entsprechenden Verbindungen mit Wagen der Typen Grand Confort, UIC-Z und Eurofima in gleicher Lackierung. Es kann aber auch durchaus sein, die Lokomotiven mit dieser Lackierung an der Spitze anderer Züge zu sehen, da die Frecciabianca-Verbindungen mittlerweile auch mit den Elektrotriebzügen der Baureihen ETR 460, 463, 470 und 485 bedient werden. Die Einheiten in XMPR-Lackierung kommen im Regelfall vor Intercity- und Expresszügen zum Einsatz, wobei sich dieser durch die zunehmende Ausmusterung von Lokomotiven der Baureihe E.444R und dem Umbau der E.402A, bei dem ein Führerstand eliminiert wird, immer mehr ausweitet.

Daneben muss die E.402B oft auf Umläufen der E.403 einspringen, von der momentan nur 24 Einheiten ausgeliefert sind, welche immer noch schwere technische Probleme aufweisen. Auch wenn sich die E.402B so als extrem zuverlässige Lokomotiven erwiesen haben, werden sie die spezielle Fähigkeit, auch auf den neuen Hochgeschwindigkeitsstrecken unter 25 kV Wechselstrom fahren zu können, wohl nie ausspielen können. Bis heute hat kein Zug mit gewöhnlichem Wagenmaterial die neuen Hochgeschwindigkeitsstrecken jemals genutzt und wird es wohl auch in Zukunft nicht tun, da Trenitalia auf diesen Strecken keine Züge einsetzen möchte, die sehr viel langsamer als die Frecciarossa-Triebwagen sind und so diese behindern könnten. Daneben führt die fortschreitende Inbetriebnahme von neuen Komplettwendezugeinheiten dazu, dass der Bedarf an klassischen Lokomotiven mit zwei Führerständen immer geringer wird. Von daher ist es durchaus möglich, auch gerade im Hinblick darauf, dass gerade der Umbau der E.402A in Lokomotiven mit nur einem Führerstand erfolgt, dass die E.402B in Zukunft trotz ihrer Sprintereigenschaften wieder verstärkt vor Güterzügen Verwendung finden werden.

Stromsysteme: 1.500 Volt (1); 3.000 Volt; 25 kV – 50 Hz
Achsfolge: Bo-Bo
Nennleistung: 6.000 kV
Dauerleistung: 5.600 kW; Da 94 – 220 km/h
Leistungskennziffer: 63,63 kW / t
Anfahrzugkraft: 280 kN
Dauerzugkraft: 215 kN
Zugkraft bei Höchstgeschwindigkeit: 92 kN
Elektrische Dauerbremsleistung: 3.350 kW
Maximale Bremskraft Elektrobremse: 130 kN
Übersetzung: 23/91
Höchstgeschwindigkeit: 220 km/h
Länge: 19.420 mm
Breite: 3.000 mm
Höhe: 4.310 mm
Drehzapfenabstand: 10.450 mm
Drehgestellradstand: 2.850 mm
Raddurchmesser: 1.250 mm
Dienstmasse: 89 t
Anfahrzugmasse: 89 t
Achslast: 22 t

1) Mit 60 % der Maximalleistung

Auf der Direttissima Rom – Florenz verkehren nur noch wenige Intercity-Züge, da auf ihr nur noch Hochgeschwindigkeitszüge zum Einsatz kommen sollen. Auf dem Fotos sehen wir eine E.402B vor dem Intercity 596 von Roma Termini nach Firenze Santa Maria Novella. Direkt hinter der Lokomotive ist ein UIC-Z-Steuerwagen zu erkennen. 15. Juni 2012

Eine E.402B zieht den EuroNight 235 "Allegro Tosca" von München Hbf/Wien Meidling nach Roma Termini. Wir befinden uns nahe Monterotondo und der Zug hat rund neun Stunden Verspätung. Kurioserweise besitzt die Lokomotive ein Verkleidungsteil in XMPR-Grün, das wahrscheinlich von einer anderen Einheit stammt. 5. August 2012

Drei Lackierungen auf einen Streich: Die E.402B.106 an der Spitze des FB 9776 Roma Termini – Genova Piazza Principe passiert gerade die Gegend um Santa Severa. Während die Lokomotive die XMPR-Lackierung aufweist, tragen einige der Wagen die ESCI-Farbgebung, andere dagegen bereits das neue Frecciabianca-Farbkleid. 25. August 2012

Die E.402B.101 unternimmt eine erste Probefahrt mit dem Begleitwagen für den Messwagen "Aldebaran Treno Misure di Rete Ferroviaria Italiana". Wir befinden uns nahe Monterotondo an der langsamen alten Strecke von Rom nach Florenz. 30. August 2012

Die E.402B kommen oft auch vor Charter- und Pilgerzügen zum Einsatz. Hier sehen wir die E.402B.139 bei der Ankunft in Roma Ostiense mit einem Zug aus Wagen des Unternehmens Bahn Touristik Express. 18. November 2012

Zwischen Rom und Neapel nutzen die Intercity noch heute die alte Strecke über Formia. Auf dem Foto sehen wir E.402B.127 mit ihrem Intercity nahe Sezze Romano. 7. Januar2013

Kurz vor seiner Einstellung nutzte der Euronight 227 "Palatino" die langsame alte Strecke zwischen Rom und Orte und bestand komplett aus Wagen von Trenitalia mit Thellò-Lackierung. Auf dem Foto sehen wir eine E.402B an der Spitze des Zuges zwischen Monterotondo und Settebagni. 19. Dezember 2012

Der verkürzte Euronight 207 "Palatino" in Thellò-Farbgebung wird von E.402B.177 gezogen und passiert gerade die Gegend zwischen den Bahnhöfen Collevecchio-Poggio Sommavilla und Stimigliano. 16. Februar 2013

Komplett in Frecciabianca-Farbgebung ist Zug 9782 Roma Termini – Genova Piazza Principe gehalten. Wir befinden uns nahe Santa Severa. Zuglok ist die E.402B.130. 14. Mai 2013

Hier zieht E.402B.150 einen Lourdes-Pilgerzug. Direkt hinter der Lokomotive ist ein Spezialwagen für Tragbahren zu erkennen, um Kranke und Invaliden transportieren zu können. Die Aufnahme entstand nahe Piana Bella di Montelibretti an der langsamen alten Strecke zwischen Rom und Florenz. 6. Juli 2013

Der Hafen von Civitavecchia mit den Schornsteinen des Heizkraftwerkes Torrevaldaliga liefert den Hintergrund für den Intercity, der gerade auf der Strecke entlang des tyrrhenischen Meeres unterwegs ist.
30. April 2014

Eine E.402B mit dem Frecciabianca 9818 Lecce – Milano Centrale passiert die Gegend um Reggio Emilia.
11. März 2015

Die E.402B 158 macht im Betriebswerk Milano Smistamento Pause. Auf dem Dach ist gut der Einholmstromabnehmer der "Frankreichversion" zu erkennen.
12. Juli 2003

Eine der ersten Probefahrten der E.402B.101. Wir befinden uns im alten Bahnhof Roma Tiburtina vor dem kompletten Umbau und die Lokomotive ist noch im Ablieferungszustand, wie man an den zahlreichen Unterschieden zu den späteren Serienlokomotiven erkennt.
21. Januar 1997

Neben der E.402B.132 sehen wir hier Roger 1000, ein Diagnosefahrzeug für die norwegische Eisenbahn, das die Firma Mer.Mec. aus Monopoli gebaut hat und das auf den Strecken der italienischen Staatsbahn umfangreich getestet wurde. Wir befinden uns in Orte.
3. März 2000

Die E.402B.145 kam bei den Versuchen, die E.492.004 wieder betriebsbereit zu machen, zum Einsatz. Auf dem Foto sehen wir direkt hinter ihr einen Gepäckwagen zur Erhöhung der Bremsmasse und dahinter die Einsystemlokomotive. Die Tests fanden auf einem Abschnitt, der speziell hierfür mit 25 kV versorgt wurde, nahe Castiglion del Lago statt, weshalb die E.402B ihre Fahrspannung über einen Einholmstromabnehmer bezieht.
29. November 2000

Die Zukunft grüßt im Bahnhof Voghera die Vergangenheit. Die E.402B.167 in Originallackierung fährt gerade aus dem Bahnhof aus, während auf dem anderen Gleis ein alter Elektrotriebwagen der Baureihe ALe 540 wartet. 7. Mai 2001

Die Fußgängerbrücke im Betriebswerk Roma San Lorenzo erlaubt es, das Dach der E.402B.173 zu fotografieren, während diese gerade auf Rangierfahrt ist. 2. März 2002

Nur noch wenige Kilometer fehlen der E.402B.117, um mit dem Euronight 227 "Palatino" Rom zu erreichen. Wir befinden uns nahe Capena und der Zug besteht noch aus Corail-Wagen der SNCF in alter Farbgebung. 2. März 2005

Die E.402B.103 passiert die Gegend um Capena an der Spitze eines Nacht-Expresszuges aus UIC-X-Wagen.
7. September 2003

Der Diagnosezug "Archimedes" auf der Direttissima Rom – Florenz nahe Capena. Die Farbgebung ist noch die ursprüngliche in Blau und Weiß.
28. März 2007

Die E.402B konnten ihre Fähigkeiten als Mehrsystemlokomotiven auf der neuen Hochgeschwindigkeitsstrecke zwischen Rom und Neapel unter Beweis stellen.
Auf dem Foto sehen wir E.402B.177 und .139 während einer Testfahrt mit einem Messzug nahe Anagni.
4. November 2003

Eine historische und nicht wiederholbare Aufnahme: E.402B.172 passiert mit ihrem Intercity die Abtei von Chiaravalle. Wir befinden uns vor den Toren von Mailand, wo die Strecke nach Neubaumaßnahmen mittlerweile 500 m weiter östlich verläuft. 15. August 2007

Eine E.402B zieht einen Expresszug Richtung Norden durch die Gegend um Riano. 9. August 2004

Die E.402B.125 befindet sich auf der Strecke Rom – Neapel via Formia. Der Intercity Plus 727 "Archimede" Roma Termini – Syrakus durchfährt gerade den Taleinschnitt kurz vor dem Bahnhof Torricola. 12. April 2008

Udo Paulitz

Deutsche Reichsbahn Baureihe 119

Die wechselvolle Geschichte der „Reichsbahn-U-Boote"

Es gibt wohl kaum eine Diesellokomotive in Deutschland, die auf eine derart wechselvolle Geschichte, wie sie der letzten DR-Importlokomotive der Baureihe 119 widerfuhr, zurückblicken kann. Um sie ranken sich viele Vorurteile, Gerüchte und teilweise recht üble Nachreden. Zwar erntete sie auch manchen Zuspruch, war aber überwiegend mit zahlreichen belegbaren negativen Tatsachen behaftet. Technische Probleme begleiteten vom ersten Tag an den Lebensweg dieser vom konstruktiven Ansatz her durchaus gelungenen Baureihe. Obwohl sich ihre Leistungen – nach vielen Anlaufschwierigkeiten – letztendlich durchaus zufrieden herausstellten, zu einer wirklichen Beliebtheit konnte sie es niemals bringen. Wenig schöne Schmähnamen wie „Karpaten-Schreck" oder „Ceaucescus Rache" begleiteten diese neue dieselelektrische Maschine, die keineswegs dem entsprach, was man in Deutschland unter einer qualitativ hochwertigen Lokomotive verstand. Im Übrigen ist es bezeichnend, dass zu dem Zeitpunkt, im Sommer 1975, endlich die letzte Lok dieser Reihe ausgeliefert wurde, die beiden Prototypen bereits ausgemustert und zerlegt worden waren.

Zum Synonym für dieses Sorgenkind wurde im Fahrdienst und bei Eisenbahnfreunden der bekannte Spitzname „U-Boot" – und dies nicht allein wegen ihrer seitlich angeordneten, kreisförmigen und bullaugenähnlichen Maschinenraumfenster. Nicht selten, besonders am Anfang ihrer Betriebszeit, tauchten die auf Strecke geschickten 119er wegen Unzuverlässigkeit regelrecht ab, und die Lokleiter wussten nicht, ob und wann die Maschinen wieder auftauchen würden. Oft genug mussten Dampfloks in der Not einspringen, wenn wieder einmal ein „U-Boot" abgetaucht, sprich ausgefallen oder auf freier Strecke stehen

Lokparade in Weimar im Oktober 2003. Von links: 219 084, 219 090, 219 117 und 219 139. Von diesen Fahrzeugen hat lediglich 219 084 bis heute überlebt. Die übrigen wurden bereits wenige Wochen später bei der Firma Scholz Recycling GmbH in Espenhain zerlegt

Auf diesem, im Jahr 2011 ebenfalls in Weimar entstanden Foto, haben sich folgende Lokomotiven zu einem Gruppenbild versammelt: MEG-Loks 301 und 302 (ex. 219 120 und 173), 219 084, während die Lokomotiven 229 100 (dient als Ersatzteilspender), 229 188 und 219 199 (ehemals 229 199) als Leihgaben beim örtlichen Eisenbahnmuseum hinterstellt sind. Die abgebildeten Lokomotiven zeigen nahezu alle bei der Baureihe 119 verwendeten Farbvarianten

geblieben war und eine Zuglaufstörung verursacht hatte. In den ersten Betriebsjahren kam es zu erheblichen Problemen, die weit über das Maß der Kinderkrankheiten hinausgingen. Praktisch sämtliche Maschinen wiesen gravierende Material- und Verarbeitungsmängel auf. Besonders die Frühausfälle der rumänischen Motoren – hiervon waren vor allem die Baumusterloks der Nullserie betroffen – führten zu einem unvertretbar hohen Instandhaltungsaufwand von bis zu 50 %. Defekte Wasserpumpen und Regler, schadhafte Einspritzdüsen, Kurbelwellenbrüche, beschädigte Kurbelwellenzapfen durch defekte Pleuellager, Schäden an Achsgetrieben und Heizgeneratoren waren ebenso an Tagesordnung wie lose Radreifen, gerissene Krümmer der Abgasanlage, defekte Turbolader, undichte Kühler und nicht zuletzt Motorbrände. Kostenintensive Ölwechsel wegen Dieselkraftstoffs – oder Wassereinbruchs trugen in den Einsatz-Bw dazu bei, dass die Arbeit nie endete. Allein die Rbd Dresden meldete 1981 stolze 134 durch solche Mängel verursachte Ölwechsel. 20.100 kg Öl, das Kilogramm zu 3,82 Mark – insgesamt also fast 77.000 Mark – waren die Folge. Diese katastrophalen Zustände waren nicht nur für den Werkstättendienst sondern vor allem für das Personal ein Gräuel. Zu allem Überfluss war die Ersatzteilversorgung mehr als miserabel. Einer der Gründe für diesen Missstand war darin zu suchen, dass diese zusätzlichen Kosten von Staats wegen gar nicht eingeplant waren und die Devisenbilanz belastet hätten. Wie aber konnte es überhaupt zu dieser Misere kommen?

Auf der Suche nach einem V 180-Nachfolger

Infolge des Traktionswechsels von Dampf auf Diesel traten bei der Deutschen Reichsbahn (DR) in den späten 1960er Jahren immer deutlicher große Lücken zutage. Die wachsenden Transportaufgaben sowohl im Güter- als auch im Reisezugverkehr erforderten eine moderne Streckenlokomotive mit mehr als 2000 PS. Vor allem für das noch weitgehend nicht ausgebaute, auf unter 18 t Achslast begrenzte Streckennetz, das in Zukunft freizügig mit leistungsfähigen Lokomotiven befahren werden sollte, war eine solche Maschine dringend erforderlich. Sie sollte vor allem die zahlreichen noch im Plandienst stehenden Schlepptender-Güterzugloks der Baureihen 50, 52 und 58 ersetzen. Hinzu kam die Forderung, anstelle der bei den Baureihen V 100 und V 180 noch als

Übergangslösung verwendeten Dampfheizung, neue Lokomotiven gleich mit einer zeitgemäßen elektrischen Zugheizung auszustatten. Denn schon Mitte der 1960er Jahre begann sich abzuzeichnen, dass die Dampfheizung keine Zukunft mehr hatte und spätestens mit Ablösung des Dampfbetriebes nicht mehr erforderlich sein würde.

Da die beim VEB Lokomotivbau „Karl-Marx" Babelsberg (LKM) in der Entwicklung befindliche sechsachsige Diesellok mit 2400 PS nach Bau des ersten Prototyps V 240 001 eingestellt wurde, musste eine neue leistungsfähige Diesellokomotive im Ausland beschafft werden. Dabei fühlte sich die DDR in gewohnter Linientreue an die von der Sowjetunion veranlasste Empfehlung, Brennkraftlokomotiven mit über 2000 PS Leistung für die Länder des Rats für Gegenseitige Wirtschaftshilfe (RGW) nur noch in der UdSSR herstellen zu lassen, gebunden. Obwohl diese Empfehlung nie einen bindenden Beschluss darstellte, hielt sich die DDR als einer der wenigen RGW-Staaten strikt daran. Bisher war die UdSSR als Lieferant für Diesellokomotiven hervorgetreten. Die dortigen Lokomotivhersteller sahen sich aber nicht in der Lage, Maschinen mit einer Achslast von unter 18 t und zugleich der geforderten Leistung zu liefern. Die im Übrigen viel zu schweren sowjetischen Dieselloks der Baureihe V 200 besaßen keine Zugheizung und taugten mit ihrer Maximalgeschwindigkeit von 100 km/h nur für Güterzüge.

Damit stellte sich für die Reichsbahn die Frage, woher sie künftig leistungsstarke Lokomotiven bekommen sollte, die mit bis zu 120 km/h flexibel auf Haupt- oder Nebenstrecken im Reisezug- und Güterzugdienst eingesetzt werden konnten. Nachdem endgültig feststand, dass die Maschinen aus den vorgenannten Gründen und wegen mangelnder Kapazitäten weder in der DDR entstehen, noch von der UdSSR bereitgestellt werden konnten, begab man sich auf die Suche nach einem RGW-Lieferanten .

Schon seit 1962 hatte die Deutsche Reichsbahn Diesellokomotiven aus osteuropäischen Staaten importiert. Den Anfang machten 20 aus der CSSR eingeführte Loks der Baureihe V 75, gefolgt von den Baureihen V 200 und V 300 aus der Sowjetunion. Im Februar 1973 fanden Vorbesprechungen mit Rumänien und Polen über die Lieferung von Diesellokomotiven mit großer Leistung statt. Die Verhandlungen mit Polen führten zu keinem greifbaren Ergebnis, jene mit der Sozialistischen Republik Rumänien (SRR) hingegen brachten schließlich das Projekt der

Bild 53 – Eine unerkannt gebliebene 119 hat im Sommer 1985 vor einem Personenzug auf der Fahrt von Jena-Saalbahnhof nach Saalfeld bei Jena-Ringwiese die imposante Signalbrücke auf dem kurzen viergleisigen Abschnitt von Saalbahn und Weimar-Geraer-Bahn passiert

Baureihe 119 zustande. Noch ahnte niemand, auf welches Unterfangen man sich damit eingelassen hatte.

Hinzu kam, dass die Lokomotivfabrik Bukarest „23. August“ der einzige Hersteller war, der das von der DDR geforderte Baukastenprinzip übernehmen wollte. Die DR forderte im Interesse einer Weiterführung des bereits bei den Baureihen 106, 110 und 118 erreichten hohen Standardisierungsgrades folgerichtig für Triebfahrzeuge der künftigen Baureihe 119 eine zur Baureihe 118 analoge Grundkonzeption bei weitgehender Verwendung von DDR-Bauteilen. Dies beinhaltete die Zulieferung von Motoren und Getrieben aus DDR-Produktion. Die Lokomotivfabrik Bukarest und heutigen FAUR-Werke S.A. war Nachfolger der Maschinenbau-Gesellschaft Malaxa, des Hauptlieferanten der rumänischen Eisenbahn. 1948 ging der Betrieb durch Enteignung in „Volkseigentum“ über und führte seither den Namen „Lokomotivfabrik 23. August“. Der Name erinnerte an den 23. August 1944 , als Rumänien im Zweiten Weltkrieg auf die Seite der Alliierten übergewechselt war.

Allerdings ahnten weder DR noch der für den Import zuständige „Außenhandelsbetrieb Schienenfahrzeuge“ im entferntesten, dass der rumänische Hersteller mit diesem Großauftrag total überfordert war. Man hatte in der Vergangenheit zwar schon kleinere Serien von Dieselloks gebaut, einen Auftrag aber über – einschließlich Prototypen und Nullserie – von insgesamt 280 Lokomotiven für einen Kunden wie die DR mit der Forderung nach freizügigem Tausch aller Aggregate von Lokomotive zu Lokomotive stellte die Konstruktion und Technologie vor neue, bislang unbekannte Probleme. Gleichwohl akzeptierte die rumänische Seite alle von der DR gewünschten Forderungen, ohne die realen Möglichkeiten vorher zu prüfen. Diese Zusagen erwiesen sich als Makulatur. So blieb die Vorstellung der DR, nach zwei Prototypen eine acht Lokomotiven umfassende Nullserie im Jahr 1975 zu bauen und 1976 zu erproben, im folgenden Jahr 40 Maschinen, 1978 dann 70 Loks sowie 1979 und 1980 jeweils 80 Einheiten zu liefern, eine Illusion.

Der Güterverkehr gehörte über zwei Jahrzehnte mit zu den Haupteinsatzfeldern der Baureihe 119. Auf diesem Bild hat eine Lok dieser Reihe am 9. September 1990 mit einem Güterzug aus dem Rangierbahnhof Nordhausen Ausfahrt in Richtung Ellrich. Gerade passiert der Zug das aus dem Jahr 1902 stammende mechanische Stellwerk Nordhausen-West (NW)

Lok 119 069-3 legt sich am 21. Februar 1990 vor dem aus einer Doppelstockeinheit gebildeten P 5023 in der Nähe von Göschwitz in die Kurve

Die im Dezember 1981 an die DR gelieferte 119 082-6 ist im April 1990 mit einem Schnellzug in Hannover eingetroffen

Die 119 086-7 leistet einer 132 vor einem Güterzug Vorspanndienste

Lok 119 092-5 hat im Sommer 1985 mit einem langen Personenzug von Jena-Saalbahnhof kommend gleich den Bahnhof Göschwitz erreicht

119 121-2 wurde am 9. Oktober 1990 auf der Saalbahn zwischen Kahla und Großeutersdorf mit einem Wendezug angetroffen. Rechts im Hintergrund die bekannte Leuchtenburg

Lok 119 132-9 hat auf der Fahrt zwischen Jena-Saalbahnhof und Göschwitz den langen Personenzug P 5033 am Haken

Lok 119 138-6 legt sich mit dem D 504 in der Nähe von Jena in die Kurve

119 159-2 im September 1990 vor einem Schnellzug des DR-Binnenverkehrs auf der Saaltalbahn in der Nähe von Rothenstein

Planung, Entwicklung, Aufbau und Indienststellung

Die später unter als Baureihe 119 geführte Lok sollte eine Weiterentwicklung der Reihe 118 sein, also ebenfalls hydrodynamische Kraftübertragung haben, aber über eine elektrische Zugheizanlage verfügen. Neben der geforderten Achslast von 16 bis 17 t sollten sowohl Dieselmotoren aus DDR-Produktion, die von dem VEB Motorenwerk Johannisthal (MWJ), als auch Strömungsgetriebe des Typs KAT III GS 30/5,5 A sowie Achsgetriebe aus gleicher Herkunft beigestellt werden. Hiermit erklärte sich der rumänische Hersteller einverstanden. Bevor es jedoch zum Vertragsabschluss mit Rumänien kam, hatte die staatliche Planungskommission der DDR die vorgesehene Lieferung der DDR-Motoren zu Gunsten einer Güterwagenlieferung gestrichen. Wesentlichen Anteil daran hatten nicht zuletzt die mit zu geringen Baukapazitäten verbundenen Lieferengpässe des DDR-Herstellers, sodass nur noch die Getriebe aus der Fertigung der VEB Getriebewerke Gotha zum Einbau gelangen konnten. Um den Auftrag erfüllen zu können, baute das Bukarester Werk Lizenz-Motoren der Baumusters M 820 SR des westdeutschen Herstellers MTU (Maybach) ein. Es handelte sich um jenen Motortyp, der schon in der V 200 und im VT 11.5 zur Zufriedenheit arbeitete. Allerdings hatte der rumänische Motor gegenüber dem westdeutschen Vorbild signifikante Veränderungen erfahren, die vor allem in der Umstellung vom ursprünglichen Vorkammer- auf das Direkteinspritzverfahren bestanden. Diese in die 119 installierten Motoren erwiesen sich als glatte Fehlentwicklung. Glücklicherweise hatte die Deutsche Reichsbahn im Vertragswortlaut die baulichen Voraussetzungen für einen möglichen Austausch dieser Motoren durch Antriebsaggregate aus DDR-Fertigung festschreiben lassen. Dies erleichterte den später notwendigen Umbau, den zu diesem Zeitpunkt noch niemand voraussehen konnte.

Im Herbst 1974 erhielt die Bukarester Lokomotivfabrik den Auftrag zum Bau zweier Prototypen. Als Stückpreis hatte der Hersteller ursprünglich 398.000 Rubel gefordert, der schließlich nach intensiven Verhandlungen mit dem Staatsunternehmen Mecano Exportimport auf 330.000 Rubel reduziert werden konnte. Ursprünglich sollten 280 Lokomotiven bis Ende 1980 beschafft werden. Nach langen Auseinandersetzungen zwischen der DDR und Rumänien blieb es dann bei 200 Maschinen, die schließlich erst bis zum Juni 1985 geliefert werden konnten. Nahezu zeitgleich, im Mai 1985, wurde übrigens die am 2. Dezember1984 im Bw Probstzella ausgemusterte erste Lok, 119 001-6, gerade am gleichen Ort mittels Schneidbrenner zerlegt!

Am 9. November 1986 hat die Lok 119 194-9 den Bahnhof Jena-Saalbahnhof verlassen und fährt in der Nähe des Vororts Ringwiese ihrem nächsten Halt Göschwitz entgegen

Die 119 194-9 passiert mit dem schweren Personenzug des Berufsverkehrs P 5033 den viergleisigen Abschnitt von Saalbahn und Weimar-Geraer Bahn bei Göschwitz

Lok 119 195-6 passierte mit dem Schnellzug am 3. Mai 1986 das im Süden der Stadt gelegene Gelände der Heizkraftwerke Jena. Wahrzeichen der 1967 in Betrieb genommenen Energieversorgungsanlage sind die beiden 225 und 185 m hohen Schornsteine

Der Bau des Prototyps 119 001 zog sich bis 1976 hin. Die Maschine – noch ohne Heizgenerator – wurde am 21. Januar 1977, sechs Monate später als geplant, von der DR abgenommen und wenige Tage später der Versuchs- und Entwicklungsstelle Maschinenwirtschaft in Halle (VES-M Halle) zur weiteren Erprobung zugewiesen. Zwar weilte bereits seit September 1976 eine größere Gruppe Versuchsingenieure der DR in Bukarest, um sich über die ersten Erprobungsergebnisse der neuen Maschine zu informieren und an weiteren Versuchen teilzunehmen. In den Abstimmungen aber waren die großen Unterschiede der Messmethoden zwischen der SRR und der DDR deutlich geworden. Die messtechnischen Möglichkeiten des Herstellers waren gering und der Zugriff auf Versuchseinrichtungen der Rumänischen Staatsbahn (CFR) begrenzt. Eine Bremslokomotive stand beispielsweise nicht zur Verfügung; die Lastbedingungen mussten durch Züge realisiert werden. Angesichts dieser Tatsachen hatten sich die DR-Fachleute bereits auf zusätzliche Erprobungen in der DDR vorbereitet. In der Zeit vom 8. bis 14. Februar 1977 fuhr die neue Lok mit Messwagen und der Bremslokomotive 130 102 zur verkürzten leistungstechnischen Erprobung auf der Strecke Halle – Falkenberg. Am 22. Februar 1977 begann schließlich im Bw Halle G die Betriebserprobung mit Zwischenauswertungen in Zusammenarbeit mit der VES-M. Bis Ende 1977 hatte die Lokomotive seit Beginn der Erprobung eine Laufleistung von knapp 100.000 Kilometern erreicht. Auf 313 Erprobungstage fielen 188 Einsatztage und 125 Ausfalltage. Das ergab eine Ausfallzeit von 40 %.

Die Lieferung der folgenden, jetzt mit einem Heizgenerator ausgerüsteten Lok 119 002 erfolgte neun Monate später. Sie wurde am 19. Oktober 1977 dem Bw Gera übergeben. Ab der Lokomotive 119 026 begann im Sommer 1978 der eigentliche Serienbau. Von einem solchen konnte im eigentlichen Sinne aber kaum gesprochen werden, weil es von Beginn an zu ständigen Konstruktionsänderungen kam.

Die sechsachsige Baureihe 119 entsprach hinsichtlich ihres Gesamtaufbaus in vielerlei Hinsicht der 118. Der Lokomotivrahmen und die Aufbauten waren als gemeinsam tragende Schweißstahlkonstruktion in Leichtbauweise ausgeführt. Rahmen und Lokkasten der Lokomotive stützten sich über vier Punkte elastisch in Form einer sogenannten Flexicoil-Abstützung auf den beiden dreiachsigen Drehgestellen ab. Die beiden hinter den Führerständen angeordneten Dieselmotoren hatten jeweils 900 kW (1225 PS) und gaben ihre Leistung an zwei unter den Führerständen befindliche Strömungsgetriebe ab. Die Kraftübertragung erfolgte durch ein in der DDR entwickeltes Zweiwandlergetriebe, das über einen Zusatzwandler verfügte, um im Bedarfsfall auch die eigentlich für die elektrische Heizung abzuzweigende Leistung für Traktionszwecke nutzen zu können. Zwischen den Motoren befand sich ein Heizgenerator, der von beiden Antriebseinheiten direkt über eine Strömungskupplung angetrieben wurde. Dieser Doppelantrieb mit faktisch starrer Kopplung beider Motoren verursachte von Anfang an Probleme sowohl mit dem originalen Dieselmotorenregler als auch mit den späteren elektronischen Reglern. Über dem Heizgenerator befand sich die Kühlanlage. Obwohl der Hersteller durch das vom Führerraum abgetrennt positionierte Strömungsgetriebe versucht hatte, eine bessere Schalldämpfung desselben zu erreichen, war dies nur bedingt gelungen. Trotz zweier Türen zum Maschinenraum drangen die Geräusche und Vibrationen bis auf den Führerstand, sodass sich viele Lokführer mit Gehörschutzwatte oder Ohrstöpseln schützen mussten. Das Fahrzeug hatte eine Druckluftbremse mit Führer- und Zusatzbremsventil.

Während die 119 über Puffer eine Länge von 19.500 mm aufwies, waren es bei der Vorgängerbaureihe 19.460 mm. Der Gesamtachsstand stimmte mit 14.510 mm überein, ebenso der Abstand der Drehgestelle. Das Dienstgewicht betrug 99 t bei 16,5 t Achslast. Die Lokomotive erreichte eine Höchstgeschwindigkeit von 120 km/h. Die Anfahrzugkraft der 119 betrug 220 kN, also nach der alten Maßeinheit 30 t.

Äußerlich war die 119 in ihrer roten, elfenbeinfarbenen und grauen Lackierung durchaus attraktiv anzusehen, sieht man von dem zum Teil mangelhaften äußeren Pflegezustand in den 1980er Jahren ab. Ab der 119 116 fand das dritte Spitzenlicht nicht mehr oberhalb der Stirnfenster, sondern unterhalb derer seinen Platz. Außerdem wurde das Dach nicht mehr vortragend ausgeführt. Damit entfiel der kurze Dachvorbau, was das Aussehen der Lokomotivfront trotz technischer Verwandtschaft ein wenig veränderte. Der an den schräggestellten Front- und Seitenfenstern des Führerstandes so gut wie nicht vorhandene Sonnenschutz machte den Aufenthalt in selbigem bei sommerlichen Temperaturen nicht immer angenehm. Dafür zog es im Winter gehörig durch viele Löcher und Ritzen. Positiv zu werten war der ausgezeichnete Ausblick von einer erhabenen Sitzposition des Führerstandes auf die Strecke.

219 005-6 am 31. März 2001 vor dem RE 25480 im Bahnhof Aue. Ab dem 1. Januar 1992 war die Baureihe 119 auf das DB-Nummernsystem – in diesem Fall 219 – umgestellt. Die Lokomotive trägt die verkehrsrote Lackierung der neuen Bahn

Die in orientrot mit großem weißem Latz lackierte Lokomotive 219 021-3 wurde am 19. Juli 1996 in Lobenstein (Strecke Triptis – Blankenstein) fotografiert

Lokomotive 219 030-4 ist am 13. Mai 1994 mit einem Nahverkehrszug in der Nähe von Oberlauscha/Thüringen unterwegs

Der Hauptbahnhof Leipzig, Europas größter Kopfbahnhof, wurde lange Zeit von der Baureihe 119/219 angefahren. Am 7. Januar 2001 sehen wir Lok 219 046-0 vor der aus zwei Wagen bestehenden RB 27629 kurz vor der Abfahrt

Die verkehrsrot lackierte 219 050-2 ist am 1. April 1999 mit dem RB 26007 unterwegs

Auch auf Bundesbahnstrecken waren die Reichsbahn-U-Boote nach der Wende zu sehen. So wie hier die im Jahr 1993 in Lübeck-Hbf fotografierte 219 057-7

219 048-6 am 1. Mai 1993 im Gleisvorfeld des Dresdner Hauptbahnhofs

.Betrieblicher Einsatz

Von der technischen Konzeption her und durch die zentrale Energieversorgung des Zuges (ZEV) war die 119 ohne Zweifel eine moderne Lokomotive. Dagegen bot die Qualität der Herstellung jede Menge Anlass zu Kritik. Ursache hierfür war die ungenügende Bauüberwachung und Kontrolle der Fertigung durch das Werk selbst. Die von der Deutschen Reichsbahn vor Ort tätige und bis zu 15 Mann starke Abnahmegruppe und die Fachleute des VES-M Halle kämpften oftmals erfolglos gegen diese miserable Arbeitsausführung. Das Unheil offenbarte sich erst in vollem Umfang, als die Loks beim Besteller DR eingetroffen waren – und dies zum Leidwesen der Bahnbetriebswerke Halle, Probstzella, Saalfeld und Gera. Teilweise kamen die Loks in einem katastrophalen Zustand bei der Reichsbahn an. Viele Maße waren unterschiedlich ausgeführt, manche Bauteile unterschiedlich angeordnet und vieles mehr. So musste das Werkstattpersonal bereits vor der Indienststellung der einzelnen Triebfahrzeuge zahlreiche Umbau- und Wartungsarbeiten ausführen. Nach mehr oder minder kurzer und halbwegs zufriedenstellender Erprobung wurden die Loks quasi „ins kalte Wasser geworfen". So waren die bereits eingangs geschilderten Probleme absehbar. Die hohe Störanfälligkeit führte schnell zu Ersatzteilproblemen, die meist nicht vorhanden waren. Not macht bekanntlich erfinderisch, und erneut musste man sich selbst helfen. So versuchten die Lokschlosser nach dem Prinzip „aus zwei mach eins" und teilweise großer Improvisation, diese Probleme einigermaßen in den Griff zu bekommen. Von Vorteil war dabei, dass die Baureihe 119 mit zwei relativ selbständigen Antriebseinheiten ausgestattet war. Wenn nun ein Fahrzeug mit Motorschaden in die Werkstatt kam, wurden häufig die Motoren so getauscht, dass man ein Triebfahrzeug wieder fahrfähig bekam. Dadurch wurden schon sehr frühzeitig manche Maschinen zu Ersatzteilspendern degradiert und ausgeschlachtet, um andere 119 mit Ersatzteilen versorgen zu können. Solche Fahrzeuge bekamen teilweise zeitlich vorgezogene höhere Instandsetzungsstufen. Viele Loks mussten auch mit Ersatzteilen der Baureihe 118 – das Umgekehrte war ursprünglich geplant – einsatztauglich gemacht werden.

Besonders beim Bw Probstzella, wo die 119 die Tenderloks der Baureihe 95 ersetzen sollten, geriet ihr Einsatz zu einem großen Desaster. Die zwar zuverlässige aber betagte ehemalige preußische T 20 sollte trotz erfolgter Rekonstruktion mit Umbau auf Ölhauptfeuerung als letzte Länderbahn-Gattung nun endlich den Dienst quittieren. Endgültig erzwungen wurde der 95er Abgang durch die Ölkrise, mit der die DDR-Wirtschaft im Jahr 1979 unversehens konfron-

Mit dem kurzen RB 26123 ist am 14. Mai 1999 die Lok 219 062-7 auf der Elstertalbahn in Richtung Plauen unterwegs. Hier bei der Ausfahrt aus dem Bahnhof Greiz, dessen Bahnanlagen und bauliche Umgebung noch das ursprüngliche, mittlerweile fast überall verschwundene Reichsbahnflair widerspiegeln

An der Bahnlinie Dresden – Görlitz befindet sich der Ort Arnsdorf, an dessen Bahnhof die Lokomotive 219 065-0 mit einem Reisezug am 27. Februar 1993 zum Halten gekommen ist

Im Bahnhof Stendal wurde die 219 066-8 im Sommer 1995 fotografiert

Die Museumslok 219 084-1 im November 2010 mit einem Sonderzug in Leinefelde

Auch hier befördert die 219 084-1 einen Sonderzug, als sie am 29. März 2008 auf der Strecke Eisenach – Lichtenfels in der Nähe von Wasungen angetroffen wurde

Die Lokomotive 219 087-4 passiert am 28. Februar 1999 mit dem RB 6379 auf der Strecke Werdau – Weida - Mehltheuer einen Schrankenposten bei Triebes

tiert wurde. Als Folge davon wurden die letzten der schweren 1´E 1´-Tenderloks bis zum Jahr 1981 ausgemustert. Als Ersatz musste die noch nicht bahnfeste 119 ins Rennen und ihren Dienst auf den topografisch anspruchsvollen Strecken des Thüringer Waldes antreten. Ihr Einsatz wurde von Berlin aus wider besseres Wissen verfügt. In Probstzella fehlten sämtliche technischen Voraussetzungen, denn die Werkstätten waren auf Dampflokomotiven spezialisiert. Bis Ende 1980 waren bereits 17 der neuen Dieselloks, darunter fast alle Loks der Nullserie (119 001 – 009) in Probstzella stationiert. Mit diesen von Halle zugewiesenen Maschinen mussten sich Personale und Werkstätten nun herumplagen. Vor allem die frühen Maschinen waren extrem störanfällig und fielen häufig aus. Über viele Monate hinweg war es kaum möglich, alle planmäßigen Züge, wozu 12 – 13 Loks benötigt wurden, zu bespannen. Es gab Tage, an denen drei oder vier Maschinen ausfielen. Von anderen Bw wurde Lokersatz – meist in Form von 118 – gestellt und damit wurden dort neue Lücken aufgerissen. Die Hauptverwaltung Maschinenwirtschaft (HvM) verlangte ständig Rapport und bildete eine spezielle Einsatzgruppe, die aber die 119-Misere auch nicht von heute auf morgen beseitigen konnte. Spätestens mit der Auslieferung der letzten Lokomotive war allen Beteiligten bei der DR das sprichwörtliche „Fass ohne Boden“ klar geworden. Hauptsächlich durch die bereits hinlänglich geschilderten Mängel lag der Instandhaltungsaufwand gegenüber der Baureihe 118 über das Doppelte höher. Bei Betrachtung der Laufleistungen zwischen den Raw-Zuführungen war das sich abzeichnende Bild noch düsterer. 1985 war festzustellen, dass die 119 nur 33 % der geforderten Laufleistung beziehungsweise 37 % der Motorstunden erreichte.

Infolge dieser Probleme waren lange z-Stellungen bei den neu angelieferten Lokomotiven nichts Außergewöhnliches. Einzelne Maschinen standen, so die 119 020, die vom 1. Mai 1986 bis 21. März 1994, also rund acht(!) Jahre, auf z und untätig auf den Abstellgleisen. Ein Teil der 119 wurde sogar frühzeitig in den 1980er Jahren, so auch die beiden Baumusterlokomotiven 119 001 und 119 002, ausgemustert und bereits bis 1985 verschrottet. Weitere elf 119 wurden nach Bränden und Unfällen ebenfalls ausgemustert und bis 1990 zerlegt. Spürbare Verbesserungen brachte aber erst die Umrüstung der Loks im Raw Karl-Marx-Stadt vom rumänischen MTU-Lizenzmotor auf den schon in der Baureihe 118 bewährten Dieselmotor des Typs 12 KVD 21-A-4. Die mit entsprechenden Getriebean-

Die Lokomotive 219 089-0 wurde als 119 089-1 am 20. Februar 1982 beim Bw Halle in Dienst gestellt. Hier befördert sie am 28. Oktober 1991 den aus einer vierteiligen Doppelstockeinheit der Gattung DBv bestehenden P 7326 in der Nähe von Beutenburg

Lok 219 098-2 überquert auf der Strecke Triptis – Marxgrün am 22. Juli 1996 mit einer Regionalbahn ein Viadukt

219 099-9 am 24. April 1994 in Schwerin-Hbf.

Aus drei DB-Standard-Reisezugwagen des Typs Bmh bestand der 1996 bei Großpürschutz (zwischen Jena und Kahla) auf der Saalbahn von der 219 124-5 geführte Regionalzug

passungen, geänderten Achsaufhängungen und dem Austausch anderer störanfälliger Komponenten gegen Bauteile aus eigener Fertigung „germanisierten“ bzw. „eingedeutschten“ Maschinen, wie diese Aktion vom Werkstattpersonal bezeichnet wurde, kamen nach Probstzella, um dort den Fahrzeugbestand endlich komplett verfügbar zu machen. Hier hatten sich mittlerweile bis zu einem Dutzend Schadloks angesammelt, die aus dem im besonderen Blickfeld liegenden Grenzbahnhof zur BRD nach anderen, zum Teil weit entfernten Abstellbahnhöfen abgefahren werden mussten. Hier waren die praktisch nagelneuen Lokomotiven dem Vandalismus ausgesetzt. Als erste mit dem DDR-Dieselmotor ausgerüstete Lok dieser Baureihe kam die 119 020 am 4. März 1984 nach Probstzella – ihr erneuter Einsatz währte allerdings nicht übermäßig lange. Im Herbst 1985 war die Hälfte der hier stationierten Loks mit neuen Motoren ausgestattet. Mit Ablieferung der letzten 119 im Jahr 1985 endete gleichzeitig auch die Beschaffung neuer Diesellokomotiven bei der Deutschen Reichsbahn.

Das Raw wechselte bei insgesamt 97 Loks die Lizenz-Motoren gegen die heimischen Aggregate der Bauform A-4 aus. Zwischen 1988 und 1991, also zu Zeiten der Wiedervereinigung mit den gravierenden Umbrüchen auch auf dem Triebfahrzeugsektor, wurden in Karl-Marx-Stadt (ab 1990 wieder Chemnitz) 66 Loks von A-4- auf die weiter verstärkten A-5-Motoren umgerüstet. Mit dieser neuesten Bauvariante gelang es, die Motorleistung auf 1100 kW (1500 PS) zu erhöhen. Das neue Dreiwandlergetriebe bewirkte eine Leistungssteigerung von 30 %, im Anfahrbereich sogar bis zu 45 %. Die noch verbliebenen 14 mit den ursprünglichen Motoren bestückten Maschinen erhielten gleich die A-5-Diesel. In der Regel kamen die 119er alle vier Jahre ins Reichsbahnausbesserungswerk, das sie je nach Materiallage in unterschiedlichen Ausstattungen wieder verließen. Jedoch kannte diese Regel, wie überall in der Zentralen Verwaltungswirtschaft der DDR, viele Ausnahmen. Und fehlende Tauschteile ließ so manche Lokomotive erst einmal stranden. Sie wurden mit der Zeit geplündert und ausgeschlachtet. Die zuvor erwähnte 119 020 war – wie etliche ihrer Schwestern – von der 1988 übers Land reisenden Verschrottungs-Kommission bereits für „tot“ erklärt worden.

Die Maschinen waren in den 1980er Jahren vor allem in Dresden, Gera, Halberstadt, Halle G, Kamenz, Nordhausen, Oebisfelde, Probstzella, Saalfeld und Schwerin beheimatet. Sie zogen nicht nur Reisezüge, sondern sie wurden auch im Güterzugdienst eingesetzt. Von der Regionalbahn mit nur einem Wagen bis zum schweren Güterzug in Doppeltraktion gab es keine Zuggattung, vor der sie nicht zu sehen war. Während der politischen Wende im November 1989 standen über 100 Lokomotiven der Baureihe 119 – also mehr als 50 % des Lieferkontingents – auf „warten Raw“. Die Loks befanden sich im Raw zur Aufarbeitung oder warteten auf Ersatzteile. Ursache dieses exorbitant hohen Schadgruppenrückstandes waren immer noch die Schäden an den Dieselmotoren, denn auch der Ersatz aus DDR-Produktion konnte die Situation nur zum Teil verbessern. Bei den inzwischen recht betagten und auch nicht mehr gefertigten 12 KVD A-4-Motoren häuften sich abermals die Ausfälle. Die Instandsetzungsprobleme mehrten sich, denn die immer anfälliger werdenden Motoren konnten schließlich auch im aufgearbeiteten Zustand dem Bedarf nicht mehr gerecht werden. Aus der Not heraus unternahm die DR 1989/1990 einen letzten Versuch, 50 rumänische Lizenz-Dieselmotoren M 820 in Rumänien aufarbeiten zu lassen. Aber auch nach den dortigen politischen Veränderungen hatte sich das Qualitätsniveau beim Hersteller kaum geändert.

Aus der 119 wird die 219

Von der mit der Wende einhergehenden Umzeichnungsaktion aller Reichsbahn-Fahrzeuge auf das Nummernschema der Deutschen Bundesbahn war auch die Baureihe 119 betroffen. Seit dem 1. Januar 1992 wurde diese unter der Bezeichnung 219 geführt. Insgesamt hatte sich leider gezeigt, dass trotz der Umrüstung auf bewährte Bauteile aus DDR-Produktion die Maschinen ihre Kinderkrankheiten nie vollständig ablegen konnten. Rückgängige Transportleistungen nach der Wende, vor allem im Güterverkehr auf Nebenstrecken, machten viele Maschinen überzählig, was einen vorzeitigen Abschied von der Schiene für sie bedeutete. Und was sollte mit den restlichen, kaum zehn Jahre alten Maschinen geschehen? Immerhin wuchs das Interesse der Bahn an der 119 wegen ihrer elektrischen Zugheizung, denn die mit Dampfheizung ausgerüstete 118 hatte auf Dauer keine Zukunft. Das Raw Chemnitz, das infolge verminderter Aufträge für Instandsetzungen unter einem erheblichen Arbeitsmangel litt, zeichnete auch in den folgenden Jahren für die Unterhaltung der per Anfang 1992 in Baureihe 219 umgezeichneten 167 Loks verantwortlich und konnte dabei bis Mitte 1994 die seit

Jahren abgestellten z-Loks wieder aufarbeiten. Die Maschinen wurden nun im InterRegio- und Intercity-Verkehr auf den vielfach noch nicht elektrifizierten Strecken der Reichsbahn eingesetzt. Zu der Zeit erlebte diese Baureihe, da nach der Wiedervereinigung ein großer Bedarf bestand, eine kleine Blütezeit, obwohl das technische Konzept der zweimotorigen Lokomotiven mittlerweile als überholt galt.

1990 hatten die Regental Fahrzeugwerkstätten GmbH (RFG) in Viechtach und die Firma Krupp in Essen ihr Interesse an Grundinstandsetzungen von DR-Loks bekundet. Während in den Werkstätten der Regentalbahn lediglich die Loks 219 078 und 219 087 – ursprünglich war die Instandsetzung von weiteren 20 Maschinen vorgesehen – modernisiert und mit einer neuen Lackierung (erkennbar an einem auffälligen weißen Latz an der Front) versehen wurden, übernahm Krupp den kompletten Umbau von weiteren 20 Maschinen, die dann unter Baureihe 229 geführt wurden. Diese sehr aufwändige Maßnahme soll im folgenden Kapitel beschrieben werden.

Ab dem Jahr 1994 wurden 85 nicht umgebaute Lokomotiven vom Betriebswerk Chemnitz auf zeitmultiplexe Wendezugsteuerung (ZWS) und – sofern nicht schon vorhanden – auf Doppeltraktionssteuerung (ZDS) umgerüstet. Diese Maßnahme sorgte noch einmal für flexiblere Einsatzmöglichkeiten, doch den Niedergang konnte auch das nicht mehr aufhalten. Ab 1992 wurden einige 219 bei fälligen Hauptuntersuchungen im Farbschema der 229 lackiert, was den Loks sehr gut zu Gesicht stand. 1996 folgte schließlich die orientrote Farbvariante mit DB-Latz, die teilweise graue Seitenschrägen erhielten. Ab September 1997 wurden die Maschinen in der aktuellen verkehrsroten Farbgebung mit weißen Kontrastbalken an der Front versehen.

Aber auch der Stern der Baureihe 219 sank trotz des Bedarfs in den folgenden Jahren ziemlich schnell. Der allgemeine Rückgang der Verkehrsleistungen, das Streckensterben, das Auftreten privater Eisenbahnen und der Einsatz von Neubautriebwagen ließen den Betriebspark schnell schrumpfen. Zwar standen ab 1994 alle noch verfügbaren 167 Maschinen im Unterhaltungsbestand, doch ihre Zuverlässigkeit war weiterhin unbefriedigend. Die Aufteilung der DB AG in Geschäftsbereiche brachte ab 1998 die Zuordnung zu DB Regio und damit für die Baureihe den fast vollständigen Wegfall von Güterzugleistungen. Durch den harten Wendezugdienst mit dem ständigen Auf und Ab zwischen Leerlauf und Höchstdrehzahl stiegen die Ausfälle wieder an. Vor allem Brände – infolge Verschmutzung oder Kabelschäden – und die veränderten Einsatzbedingungen der Loks sorgten für Ausfälle und erheblichen Verschleiß. Allein zwischen 1997 und 2001 waren an 21 Lokomotiven Brände zu verzeichnen. Ab dem Jahr 2000 gingen die Einsatzgebiete durch Streckenstilllegungen und neue Triebwagenbeschaffung rapide zurück. Hinzu kam, dass schon Mitte der 1990er Jahre bei der aus DB und DR gebildeten DB AG ein Desinteresse an der Baureihe zu erkennen war. Schließlich verließen – insgesamt weniger als geplant – in den Jahren 1999 35 Loks und 2000 nochmals 16 Maschinen das Unterhaltungswerk in Chemnitz. Damit endete die Unterhaltung der 219, nachdem auch das 1999 vom Werk Chemnitz nach einem Brandschaden an der 219 158 begonnene Projekt einer rekonstruierten Lokomotive mit neuen Caterpillar-Motoren, neuem DB-Einheitsführerstand und weiteren Verbesserungen nur schleppend vorankam. Der Einbau neuer Antriebsaggregate sollte die Gebrauchseigenschaften der Baureihe 219 wesentlich verbessern, sodass eine weitere Nutzungsdauer von 15 Jahren erwartet werden konnte. Der Umbau kam jedoch zu spät, denn nach Ablieferung am 23. August 2001 blieb es bei diesem Prototyp. DB Regio hatte kein Interesse mehr an Dieselloks und angesichts des allgemeinen Verkehrsrückgangs und damit sinkenden Lokbedarfs war die Umstellung auf Triebwagen bereits beschlossene Sache. Die Lok wurde 2003 als 119 158-4 dem DB-Museum übergeben, erhielt anschließend die reichsbahntypische Beschriftung und den entsprechenden Anstrich und wird für Sonderfahrten eingesetzt.

Mitte März 2001 waren noch knapp 120 Lokomotiven in den acht 219-Standorten Chemnitz, Cottbus, Erfurt, Gera, Görlitz, Halberstadt, Leipzig-Süd und Rostock betriebsfähig. Weitere Ausmusterungen ließen den Bestand bis Februar 2001 auf rund die Hälfte sinken. Triebwagen und vor allem Dieselloks der Baureihe 218 machten den 219 einen Großteil der Leistungen strittig. Im Oktober 2002 zählten nur noch 29 Maschinen zum Bestand der DB Regio. Die meisten dieser Lokomotiven wurden bis 2004 überwiegend in Espenhain, Rockensußra, Köln und in Chemnitz verschrottet. Neben der 219 158-3 sind zum Glück einige weitere 219 erhalten geblieben. Die 219 003-1 ging nach der 2001 in Leipzig-Süd erfolgten Ausmusterung an das DB-Museum Nürnberg und ist als Leihgabe in Chemnitz-Hilbersdorf stationiert, während sich die 219 084-1 seit 2004 als Dauerleihga-

Einen Güterzug befördert die Lok 219 135-1, die am 5.August 1992 in dem an der Bahnstrecke Weißenfels – Zeitz gelegenen Bahnhof Teuchern einen kurzen Aufenthalt hat

Am 1.Februar 2002 führte die 219 139-3 den Regionalbahnzug RB 16368, der am Bahnsteig des schon arg vernachlässigt wirkenden Bahnhof Göschwitz zum Halten gekommen ist

219 149-2 am 25. April 1993 mit einem Reisezug im Gleisvorfeld des Leipziger Hbf. Im Hintergrund ist das 1907 erbaute elektromechanische Befehlsstellwerk B 1 zu erkennen

Dieses schöne Lokportrait der 219 156-7 entstand am 20. November 1997 in Berlin-Lichtenberg

Lokomotive 219 158 4, betriebsfähiges Exponat des DB-Museums, am 31. Januar 2004 vor einem Sonderzug im Bahnhof Zittau

Lokomotive 219 159-1 am 29. August 1993 vor einem aus den damals teilweise noch unverzichtbaren DR-Rekowagen der Gattung Bag gebildeten Personenzug bei Groß-pürschütz

219 161-7 am 26. Oktober 1992 vor einem kurzen Personenzug bei Jena. Im Hintergrund der bekannte Jentower

Auch in die westlichen Landesteile verschlug es nach der Wende die Baureihe 219. Hier sehen wir Lok 219 167-4 auf der Strecke Wabern – Brilon-Wald vor einer stilreinen Reichsbahngarnitur am 9. April 1993 beim Halt im Bahnhof Rhena

Die zwar schon auf das DB-Nummernschema umgezeichnete doch mit DR-Logo versehene 219 177-3 auf den Gleisen des Bahnhofs Zittau. Die auffallend saubere Lokomotive vermittelt in der altroten Lackierung mit grauem Rahmen einen guten Eindruck

An einem Apriltag des Jahres 1992 wartet die vor einen Nahverkehrszug gespannte Lok 219 167-4 unter der Halle des Lübecker Hbf. auf Ausfahrt

be des DB-Museums betriebsbereit beim Thüringer Eisenbahnmuseum befindet. Ein weiteres Dutzend 219er wurden bis etwa 2012 teilweise noch von DB Schenker Rail Romania mit Standort Timisoara im Güterzugdienst eingesetzt oder dienten als Ersatzteilspender.

Die Baureihe 229

In den frühen 1990er Jahren fehlte der Deutschen Reichsbahn eine leistungsstarke Diesellokomotive für den IC und IR-Verkehr auf den noch nicht elektrifizierten Hauptmagistralen. Neben dem geplanten Umbau von Loks der Baureihe 232 zu den 140 km/h schnellen 234 wurde auch die Baureihe 219 dazu auserkoren, durch Rekonstruktionsarbeiten den neuerlichen Fernverkehrsbedürfnissen angepasst zu werden. Vor allem das noch geringe Alter spielte hier eine besondere Rolle, jedoch ebenfalls die Probleme im Plandienst mit den zum Zeitpunkt installierten Aggregaten.

Mit der Firma Krupp wurde die Remotorisierung von 20 Maschinen aus dem Schadpark in Form einer Generalreparatur vereinbart. Im April 1991 rollten mehrere Lokzüge von insgesamt 20 in Halle abgestellter und zu einem großen Teil bereits als Ersatzteilspender missbrauchter Lokomotiven nach Essen. Für die nach dem Nummernplan als Baureihe 219.3 vorgesehenen, komplett umzubauenden Triebfahrzeuge sah das ursprüngliche Programm Verbesserungen und Nachrüstungen an der Motorenanlage und der Bordelektrik, sowie den Einbau von Indusi und Zugbahnfunk vor. Durch die Entwicklung im Fernverkehr wurde das Anforderungsprofil jedoch erheblich erweitert. Die Anhebung der Höchstgeschwindigkeit auf 140 km/h mit den entsprechend notwendigen konstruktiven Änderungen sowie die zentrale Energieversorgung machten schließlich eine Eingruppierung als Baureihe 229 erforderlich. Als Motorenanlage wurden zwei MTU-Dieselmotoren des Typs 12 V 396 TE 14 installiert, die zusammen eine Nennleistung von 3372 PS erzeugen konnten. Damit wurde die 229 zu einer der stärksten dieselhydraulischen Loks auf deutschen Schienen. Für die Energieversorgung wurden zwei luftgekühlte Generatoren mit insgesamt 800 kVA Leistung eingebaut, die problemlos einen 14-Wagen-Zug einschließlich eines stromfressenden IR-Bistro-Wagens versorgen konnten. Bislang mussten IC und IR nach Berlin mit 219 in Doppeltraktion befördert werden, wobei eine Lokomotive nur für die Stromversorgung benötigt wurde. Die gesamte Abfederung zwischen Haupt- und Drehgestellrahmen sowie die Dämpfung wurden neu konzipiert und der erhöhten Maximalgeschwindigkeit angepasst. Eine verringerte Abgasemission, einen niedrigeren Kraftstoff- und Schmierölverbrauch sowie verbesserte ergonomische Bedingungen für den Triebfahrzeugführer durch eine bedienungsfreundliche Gestaltung der Steuerelemente und Überwachungseinrichtungen waren weitere positive Eigenschaften.

Mit den zwischen Mai 1992 und September 1993 ausgelieferten Lokomotiven hatte die DR Fahrzeuge erhalten, bei denen die neuesten technischen Erkenntnisse berücksichtigt worden waren. Der Preis für die Modernisierung lag bei etwa 50 % einer Neubeschaffung. Obwohl sich beim mittelfristigen Ersatz der älteren Baureihe 218 durch Umbau weiterer 219 zu 229 ein erhebliches Einsparungspotenzial hätte ergeben können, unterband der neugebildete Vorstand von DB und DR weitere Aktivitäten. So blieb es bei einer Splittergattung, an der niemand mehr ein gesteigertes Interesse zeigte.

Die neuen Fahrzeuge wurden beim Bw Berlin-Pankow stationiert und auf den Strecken Berlin – Hamburg und Berlin – Hannover eingesetzt. Die 229 wurde alsbald wieder von der 234 aus den hochwertigen Diensten verdrängt und von Einsatzgebiet zu Einsatzgebiet weitergereicht. Nach einer kurzen und wenig erfolgreichen Episode im Allgäu fand sie erst ab 1995 auf den steigungsreichen Strecken Thüringens eine neue Heimat. Dort wurde die für diese Dienste völlig übermotorisierte Lok im Nahverkehr – nicht selten nur vor zwei Wagen – eingesetzt. Der Planeinsatz der fast neuen Triebfahrzeuge endete bereits am 9. Juni 2001. Danach erfolgten nur noch sporadische Einsätze, deren letzter von 229 173-3 am 27. Juli 2001 erbracht wurde.

Von der 229 haben drei Lokomotiven bei der Cargo Logistik Rail Service GmbH (CLR) sowie vier weitere bei der Mitteldeutschen Eisenbahn GmbH (MEG), zum Teil als Ersatzteilspender, überlebt.

Rückblickend darf man einschätzen: die Baureihe 119 als Streckendiesellok der Deutschen Reichsbahn stand unter keinem guten Stern stand. Lokführern und Werkstätten hat sie viel Verdruss bereitet. Aber sie hat ein Stück Reichsbahn- und Bundesbahn-Geschichte geschrieben.

Lok 219 178-1 ist am 13. Juli 1996 mit einem Nahverkehrszug aus Saalfeld im Bahnhof Blankenstein/Thüringen eingetroffen

Lok 229 128-4 (ehemals 119 128-7) am 27. April 1996 im Bahnhof Gera

Die von Krupp in Essen generalrepariert 229 144-1 auf einer Ausstellung. Nach einem Motorbrand in Neudietendorf musste die Lokomotive am 11. Juni 2000 z-gestellt und ausgemustert werden

Lok 229 188-8 am 23. April 2004 in Weimar. Die Lok wurde als Leihgabe dem Thüringer Eisenbahnverein in Weimar übergeben

229 171-4 befördert am 26. Juni 1996 den IR 2457 in der Nähe von Göschwitz

Die MEG-Lok 302 am 8. November 2005 vor einem Kesselwagenzug bei der Durchfahrt durch Leipzig-Wiederitzsch

MEG-Lok 203 am 7. Februar 2005 im Bahnhof Ebersdorf-Friesau

Die 229 173-0 wartet am 30. Juli 1996 mit der RB 14713 in Erfurt Hbf auf Ausfahrt nach Ilmenau

Am 22. Mai 1993 hatte Lok 229 193-8 die Ehre, den IC 697 zu befördern. Hier zu sehen in der Nähe von Berlin-Savignyplatz. Leider wurden diese Maschinen schon bald aus den hochwertigen Reisezugdiensten, in denen sie eine gar nicht einmal so schlechte Figur machten, von der Baureihe 232/234 verdrängt

229 199-5 am 19. August 2000 vor dem RE 16008 im Bahnhof Weimar

Weitere Bücher unseres Verlages

Fordern Sie unser Gesamtverzeichnis an mit Büchern über **Autos**, **Motorräder**, **Lastwagen**, **Traktoren**, **Feuerwehrfahrzeuge**, **Baumaschinen** und **Lokomotiven**:

Verlag Podszun Motorbücher GmbH
Elisabethstraße 23-25, 59929 Brilon
Telefon 02961-53213, Fax 02961-9639900
Email info@podszun-verlag.de
www.podszun-verlag.de

Der Bogen wird von der Vorgeschichte der deutschen Eisenbahn vor 175 Jahren bis heute gespannt.

136 Seiten, 300 Abbildungen
28 x 21 cm, fester Einband
Bestellnummer **556** EUR **19,90**

Eisenbahngeschichte des Ruhrgebiets und Deutsche Bundesbahn an Ruhr und Emscher.

144 Seiten, 200 Abbildungen
28 x 21 cm, fester Einband
Bestellnummer **419** EUR **24,90**

Die wichtigsten deutschen Baureihen aller Dampf-, Elektro- und Diesellokomotiven.

144 Seiten, 290 Abbildungen
28 x 21 cm, fester Einband
Bestellnummer **382** EUR **19,90**

Die Nebenbahnromantik der achtziger Jahre anhand typischer Strecken.

144 Seiten, 350 Abbildungen
28 x 21 cm, fester Einband
Bestellnummer **329** EUR **24,90**

Die Geschichte der Oberen Ruhrtalbahn und ihrer Nebenstrecken bis in die heutige Zeit.

152 Seiten, 300 Abbildungen
28 x 21 cm, fester Einband
Bestellnummer **296** EUR **24,90**

Versuchstriebwagen von 1901 bis zu den hochtechnisierten Typen von heute.

144 Seiten, 320 Abbildungen
28 x 21 cm, fester Einband
Bestellnummer **354** EUR **19,90**

Die Grundzüge und Einsatzgeschichte der ehemaligen Baureihen ETA 150 und VT 98.

152 Seiten, 315 Abbildungen
28 x 21 cm, fester Einband
Bestellnummer **496** EUR **24,90**

Ein spannender Bildband, ein Mix aus Technik, Landschaft und Industrie.

152 Seiten, 280 Abbildungen
28 x 21 cm, fester Einband
Bestellnummer **391** EUR **24,90**

Die ruhmreiche Geschichte des Lokomotivenbaus bei Hanomag mit allen Besonderheiten.

192 Seiten, 340 Abbildungen
28 x 21 cm, fester Einband
Bestellnummer **352** EUR **29,90**

Historie, Dampfwinden, Bagger, Rammen, Eisenbahn-, Fahrzeug- und Gittermastkrane.

357 Seiten, 1415 Abbildungen
28 x 21 cm, fester Einband
Bestellnummer **421** EUR **49,90**